SOUS LA
DIRECTION DE
MARGUERITE
IMBERT

ROMAIN
LUCAZEAU

OLIVIER
PAQUET

ILLUSTRATIONS
JAOUEN
SALAÜN

HAUTES TENSIONS

9 SCÉNARIOS POUR PENSER NOS FUTURS ÉNERGÉTIQUES

POUR
NIHIL NOVI

SCÉNARIO
LLOYD
CHÉRY

DESSINS
AMAURY
BÜNDGEN

TALLANDIER

SOMMAIRE

AVANT-PROPOS

L'ambition des travaux dont ce livre est le réceptacle est liée à la nature même des enjeux énergétiques. Rien ne s'ancre davantage dans le prospectif que l'énergie. Celle-ci est un déterminant fondamental de notre économie, des modes de fonctionnement de nos sociétés. Voire, avec les effets délétères du changement climatique, du caractère habitable ou non de notre planète. D'autant que l'énergie, ses technologies et ses infrastructures industrielles relèvent du temps long. Les choix collectifs d'aujourd'hui sont déterminants pour un futur bien plus lointain que celui auquel nous avons l'habitude de réfléchir. Plusieurs générations seront tributaires de nos choix contemporains, en termes de performance, mais aussi de souveraineté nationale et européenne.

La question énergétique est donc une matière toute trouvée pour la science-fiction, et ce presque depuis le début de celle-ci. Jules Verne, Isaac Asimov, Frank Herbert ont explicitement ou implicitement exploré la question. *Ravage* de Barjavel et *Mad Max* de George Miller ont façonné nos imaginaires de la pénurie. Pour autant, les débats demeurent difficiles d'accès. D'une part, ils exigent de maîtriser un corpus scientifique et technologique souvent abscons pour le commun des mortels. D'autre part, ils obligent nos cerveaux à sortir de leur paresse naturelle et à considérer des changements majeurs dans nos habitudes.

À quoi ressembleront nos modes de vie d'après la décarbonation de l'énergie ? Qu'est-ce, concrètement, qu'une énergie 100 % électrique ? Répondre à ces questions, et à d'autres encore, n'a rien d'aisé. Pour y réussir, les éditions Tallandier et EDF ont cherché à construire une approche novatrice, visant à explorer de manière tangible, à travers des narratifs sous forme de récits et de bande dessinée, le monde futur d'après la transition énergétique.

Un exercice différent de la prospective traditionnelle, mais pas moins rigoureux : l'ensemble des textes devaient demeurer inscrits dans un cadre de vraisemblance sur le plan scientifique, technique, économique et sociologique. Cela a exigé de construire un dialogue structuré entre créatifs et experts.

Il a fallu tout d'abord identifier les thématiques les plus significatives à explorer : la mobilisation des experts et des ressources internes d'EDF a permis de cartographier de grandes incertitudes à venir, les « *game changers* » possibles pour le marché de l'énergie, en termes de ressources et d'avancées technologiques, mais aussi d'usages et donc de comportements humains.

Sur ces bases, des pistes créatives ont été élaborées par les auteurs – d'abord des mondes futurs, puis des narratifs au sein de ceux-ci, selon la fameuse question chère à la science-fiction : « *What if?* » Et si demain, absolument tout fonctionnait à l'électricité ? Et si l'on trouvait une gigantesque poche d'hydrogène naturel sous les collines du Luberon ? Et si le stockage individuel d'énergie devenait tellement efficace qu'on pourrait tous se déconnecter des réseaux ? Et si les sociétés européennes se détournaient de l'effort de décarbonation de l'énergie ? Et si elles renonçaient totalement à lutter contre le réchauffement climatique ?

Ces « hautes tensions », nous avons collectivement souhaité que s'y confrontent des personnages la plupart du temps réalistes. Non pas des héros de *blockbusters*, mais des gens ordinaires, vivant dans des lieux tout aussi communs, de manière à ce que le lecteur puisse s'y reconnaître et discerner son propre futur.

CONTRE L'ATROPHIE DU FUTUR : EXERCICES DE GYMNASTIQUE IMAGINAIRE

La fin est partout. Dans les bouleversements inquiétants et profonds de nos années vingt, notre rapport au temps semble plus que jamais façonné par le sentiment aigu d'une catastrophe imminente. « L'avantage de l'époque est que chacun est libre de choisir son apocalypse », remarque à juste titre Giuliano da Empoli[1]. Dites-moi quelle est l'apocalypse de votre choix – climatique, géopolitique, démographique, technologique, sécuritaire, culturelle, économique, sociale, théologique, numérique, anthropologique ou sanitaire – et je vous dirai qui vous êtes.

Or cette angoisse paralysante produit une conséquence dangereuse aux effets profonds. À cause du manque de stimulation et d'exercice, nos facultés imaginatives se rétractent. Notre puissance inventive et notre créativité se détériorent. Nous sommes en proie à un phénomène pathologique que l'on pourrait presque diagnostiquer.

Nous souffrons d'une atrophie aiguë du futur.

Il n'est donc pas étonnant que le champ de l'anticipation soit, à quelques exceptions près[2], dominé par des visions régressives ou autoritaires, profondément inspirées par un progrès technologique inquiétant et les spectres d'un avenir post-humain. À mesure que nos imaginaires politiques s'effondrent, nous ne sommes plus conviés à l'élaboration d'un avenir partagé. Le futur cesse d'être un horizon utopique, d'émancipation ou de conquête collective pour devenir un espace de contrôle, de sidération et de prédation.

Et c'est sans doute là que réside notre aporie. Comme le souligne Pierre Charbonnier, « les politiques actuelles d'inaction, de délai, de déni et de relativisation, ainsi que l'accumulation des catastrophes et des conflits, ne s'expliquent pas par un défaut

1. Entretien avec *Libération*, 28 mars 2024.
2. Kim Stanley Robinson, *Le Ministère du futur*, Paris, Bragelonne, 2023.

de possibilités objectives : elles se déploient dans un moment où les savoirs, les techniques et les dispositifs institutionnels nécessaires à une transition rapide et rigoureuse sont en train d'apparaître[3] ».

En somme, loin d'être le produit d'une impasse politique ou technique, le retour de bâton écologique de ces dernières années semble indiquer que toute tentative de transformation présente le risque d'échouer si elle ne parvient pas à s'incarner dans une articulation potentielle entre le réel et l'imaginaire. Si nous tournons en rond ou si nous nous enfonçons dans une crise sans fin, c'est que nous n'avons pas encore trouvé comment désirer le monde que nous pourrions bâtir.

Pourtant, l'Histoire nous apprend qu'il n'y a pas de fatalité et que la créativité institutionnelle peut beaucoup lorsqu'elle sait se nourrir d'une demande de grande ampleur. Face aux bouleversements provoqués par le premier choc pétrolier de 1973, le plan Messmer, qui structure encore aujourd'hui le parc nucléaire français, n'est pas conçu comme une simple réaction à une crise momentanée, mais comme une projection technique et rationnelle, préparée par un travail méticuleux de planification[4], dans un futur imaginé et conçu symboliquement.

En remplaçant le pétrole – une ressource volatile située en dehors du territoire national –, le nucléaire devient le garant à long terme d'une souveraineté énergétique pilotée par un État centralisé et ses élites scientifiques et techniques, au bénéfice de tous. Cette nouvelle « forme symbolique », pour reprendre le vocabulaire appliqué à l'histoire de la perspective par Erwin Panofsky[5], finit par jouer un rôle profond mêlant des considérations politiques, sociologiques et esthétiques fondamentales. La République, une et indivisible, puise littéralement et symboliquement sa nouvelle énergie dans la maîtrise technologique et industrielle de la fis-

3. Pierre Charbonnier, « Trouver du nouveau : sortir de l'impasse climatique », *Le Grand Continent*, 31 octobre 2023.
4. Marcel Boiteux, « Le programme électronucléaire : EDF et ses choix industriels », in Alain Beltran et al. (dir.), *État et énergie XIXe-XXe siècles*, Institut de la gestion publique et du développement économique, Comité pour l'histoire économique et financière de la France, 2009.
5. Erwin Panofsky, *La Perspective comme forme symbolique et autres essais*, Paris, Éditions de Minuit, 1976.

sion d'atomes. C'est en anticipant, en maîtrisant et en sécurisant l'avenir qu'il devient possible de projeter des choix présents et structurants sur plusieurs générations.

Ce geste ne semble plus aller de soi. L'État, en tant que perspective symbolique, est lui-même en crise. Ses marges de manœuvre politiques sont limitées, son autorité est contestée et sa capacité à incarner un avenir commun est affaiblie par une méfiance généralisée. Ce siège n'est toutefois pas resté vacant. Le vide de projection collective n'a pas seulement laissé place à notre hésitation. Il a également offert un terrain d'expérimentation inédit à une élite technologique dont la puissance ne réside plus dans la promesse d'un avenir, mais dans sa conquête.

De nouveaux prétendants se sont ainsi emparés du futur. Les seigneurs de la tech qui ont rejoint la Maison-Blanche ont développé un projet radical, fondé sur une vision particulière de ce qu'ils considèrent comme notre échec. Dans l'un de leurs manifestes, ils s'exclament : « Nous voulions des voitures volantes, nous avons eu [des réseaux sociaux avec] 140 caractères[6]. » Si les frontières du futur sont arrêtées, c'est qu'il faut revenir sur les fondements de notre histoire. Selon eux, la démocratie et le progrès social empêcheraient l'innovation et le progrès technique. Pour s'en débarrasser, ils consacrent désormais toutes leurs ressources à un processus de rétro-ingénierie des Lumières. L'objectif : accélérer de nouveau l'histoire du progrès. Qu'importe si ses conséquences seront « effrayantes, dangereuses ou dystopiques[7] ».

Dans les coulisses du spectacle chaotique du trumpisme, ces acteurs puissants mènent une révolution souterraine. À travers de nouvelles intégrations de données et le développement vertigineux de l'intelligence artificielle, ils envisagent de construire une nouvelle infrastructure numérique de l'État, hermétique, obscure, post-humaine. C'est de ce projet que naît notre vision inquiète du futur.

Parmi eux, Peter Thiel se distingue par une obsession. Dans son livre *De zéro à un. Comment construire le futur*, il fonde une

6. « What Happened to the Future? », Founders Fund, 2011.
7. Entretien avec *The New York Times*, 26 juin 2025.

théorie de l'action sur un axiome. Si vous avez une idée précise du monde qui vient, vous gagnerez toujours contre ceux qui n'en ont pas. « Si vous considérez le futur comme quelque chose de défini, vous allez logiquement essayer de le comprendre à l'avance et de lui donner forme. Mais si vous vous attendez à un futur indéfini, gouverné par le hasard, vous renoncez à toute tentative de le maîtriser[8]. »

C'est dans ce grand contexte qu'il faut lire et relire les neuf récits d'anticipation réunis dans *Hautes Tensions*.

Vous tenez entre les mains une série de nouvelles qui ne sont, au fond, qu'une suite d'exercices de gymnastique imaginaire pour lutter contre l'atrophie du futur.

Cela n'implique pas pour autant qu'ils proposent une vision irénique d'un avenir définitivement libéré des catastrophes de la modernité tardive. Plusieurs de ces textes sont structurés autour d'une catastrophe crédible et d'autant plus inquiétante, ou cherchent à conjuguer le temps de l'apocalypse au futur antérieur. Souvent leur pas reste peu défini et, contrairement à ce que préconise Peter Thiel, il n'est pas certain que nous puissions bâtir une idée claire ou précise du futur à partir de ces esquisses.

Il faut toutefois lire avec attention ces neuf *scénarios* – ce mot technique ici restitué à sa dimension dramaturgique propre – car ils nous invitent à faire un pari que nous devons faire nôtre : chercher à nous imaginer après la crise, après la fin, dans un avenir plus lointain situé quelque part entre 2040 et 2150.

Ce n'est pas leur seul mérite. Leur finalité profonde réside ailleurs. Ces nouvelles nous incitent en effet à exercer des facultés inventives et créatives trop souvent négligées, oubliées, ankylosées. Chaque scénario est un exercice différent, plus ou moins abouti et plus ou moins définitif. C'est dans cette itération, dans la prise de risque de chacun de ces traits, que l'on peut découvrir un chemin à parcourir.

8. Peter Thiel, *De zéro à un. Comment construire le futur*, Paris, JC Lattès, 2016.

Il n'y a pas une seule voie, mais ce que ce recueil suggère, c'est que toute mutation politique commencera par une transformation sensible du futur. Et ce n'est qu'en tentant et en tâtonnant que nous parviendrons à relancer des politiques fondées sur l'énergie du désir d'un monde nouveau.

Alors que l'histoire du futur change vertigineusement aux États-Unis et en Chine, nous devons encore définir notre propre trajectoire. Le temps presse, mais nos ressources, nos solutions et nos moyens sont abondants. Nous pouvons nous y plonger et commencer à travailler immédiatement. Au fond – et de toute façon – qu'aurions-nous de mieux à faire dans les prochaines années ?

Gilles Gressani
Directeur de la revue *Le Grand Continent*,
il préside le Groupe d'études géopolitiques
et enseigne à Sciences Po.

NIHIL NOVI

« LE CHANGEMENT CLIMATIQUE EST UNE BLAGUE INVENTÉE PAR ET POUR LES CHINOIS POUR RENDRE L'INDUSTRIE AMÉRICAINE NON COMPÉTITIVE. »

— Donald Trump, tweet du 6 novembre 2012.

WILLISTON, DAKOTA DU NORD, 2100.
BIENVENUE AU SIÈGE DE VOTRE NOUVELLE FAMILLE : OIL, L'OPEN INDUSTRIES LIGA.

EN ENTRANT AUJOURD'HUI DANS NOTRE ALLIANCE...
Alexander MacGuire
CEO
... VOUS REJOIGNEZ UN ACTEUR LEADER DE L'HISTOIRE DE L'ÉNERGIE DU XXIème SIÈCLE.

DRILL, BABY, DRILL !
NOUS AVONS D'ABORD CHANGÉ LE MONDE AVEC UN SLOGAN QUI AFFIRME NOTRE DYNAMISME : DRILL, BABY, DRILL !

LES ANNÉES 2030-2060 ONT ÉTÉ DES ANNÉES FASTES, OÙ NOUS AVONS PU ACCUMULER LES RESSOURCES POUR PRÉPARER VOTRE AVENIR.
POUR ASSURER NOTRE MISSION DE SOUTIEN À LA PROSPÉRITÉ MONDIALE, NOUS AVONS POMPÉ, VALORISÉ ET BRÛLÉ TOUTES LES RÉSERVES DE PÉTROLE ET DE GAZ.
BIEN SÛR, NOUS AVONS FAIT NOS MEILLEURS EFFORTS POUR VERDIR NOS PLATEFORMES DANS LE RESPECT DES PRINCIPES DE RESPONSABILITÉ SOCIALE ET ENVIRONNEMENTALE.

TDNews
DERNIERE MINUTE
L'OPEN INDUSTRIES LIGA RECOMPENSEE POUR SES EFFORTS.
TDNews
NOUS AVONS REÇU DES PRIX QUI ONT RECONNU NOS EFFORTS ÉCOLOGIQUES...
... ET NOUS AVONS FAIT PREUVE DE PRAGMATISME ET DE RÉSILIENCE.
NOUS AVONS DÉPENSÉ L'ARGENT QU'IL FALLAIT POUR PROTÉGER LE POUVOIR D'ACHAT DE NOS CONCITOYENS CONTRE L'IMPOSITION LIBERTICIDE DES VOITURES ÉLECTRIQUES DISPENDIEUSES.
AUX ÉLECTIONS, NOUS AVONS FINANCÉ DES CANDIDATS QUI AVAIENT LE SENS DES PRIORITÉS SOCIALES ET ÉCONOMIQUES.
ET NOUS AVONS SOUTENU DES INFLUENCEURS ENTHOUSIASTES SUR NOS CHOIX DE LIBERTÉ.
NOUS AVONS PU PROFITER DE NOS PUITS DE PÉTROLE ET DE NOS GIGA-RÉSERVES DE GAZ...
... TOUS NOS ACTIFS MINIERS ONT ÉTÉ CORRECTEMENT VALORISÉS.

NOUS AVONS PU ACQUÉRIR AINSI LA PUISSANCE FINANCIÈRE POUR NOUS ADAPTER. NOUS AVONS FAIT PIVOTER NOTRE MODÈLE D'ACTIVITÉ, AVEC UN NOUVEAU SLOGAN : THRILL, BABY, THRILL !
JRA-55
2000
2050
2060
NOUS SOMMES DEVENUS LE PREMIER OPÉRATEUR DE LA RÉPONSE AU CHANGEMENT CLIMATIQUE !
APRÈS L'ACHAT DES FORÊTS DOMANIALES DE PLUSIEURS PAYS, NOUS AVONS PU FOURNIR LES ARBRES POUR CRÉER DES PUITS DE CARBONE NATURELS.
NOUS AVONS PRODUIT MASSIVEMENT DES CARBURANTS DE SYNTHÈSE, CAR L'AVIATION RESTE INDISPENSABLE AUX AFFAIRES.
NOUS AVONS INVESTI DANS L'INDUSTRIE DES ÉNERGIES PROPRES...
... EN MODULANT LA VITESSE DE DÉPLOIEMENT: PAS TROP VITE POUR NE PAS DÉSTABILISER LE MARCHÉ...
... ASSEZ POUR POUVOIR DEVENIR LE NUMÉRO UN MONDIAL : C'EST LA LOI DE L'OFFRE ET DE LA DEMANDE !

LES ROBOTS DE TERRASSEMENT DE NOTRE PÔLE CONSTRUCTION ONT SAUVÉ NEW YORK DE LA MONTÉE DES EAUX.
NOUS AVONS PU DÉSINVESTIR À TEMPS NOTRE IMMOBILIER DANS LES ZONES EN DÉCLIN ET NOUS CONCENTRER SUR DE BEAUX ACTIFS SÉCURISÉS.
TOUS LES PAYS ONT FAIT APPEL À NOS SAVOIR-FAIRE, SELON LEURS CAPACITÉS CONTRIBUTIVES.
EN FRANCE, NOUS AVONS CONSTRUIT DES DIGUES PARTOUT, COMME À LA ROCHELLE.
NOUS SOMMES DEVENUS LES INDUSTRIELS DE LA GÉO-INGÉNIERIE ET POUVONS PROPOSER AUX GRANDES PUISSANCES DES SOLUTIONS TECHNOLOGIQUES DE GRANDE AMPLEUR POUR RÉÉQUILIBRER LE CLIMAT.
CELA A IMPLIQUÉ DE RACHETER UN PRODUCTEUR DE FUSÉES SPATIALES ET DE SATELLITES.

ON NOUS A DEMANDÉ DE DÉPLOYER DE VASTES PARASOLS SOLAIRES, CONSTITUÉS DE NOMBREUX MICROSATELLITES, AFIN DE RÉDUIRE L'ENSOLEILLEMENT AU NIVEAU LOCAL. LE SLOGAN DE NOTRE FILIALE : CHILL, BABY, CHILL !
MAIS CETTE INTERVENTION MAL CALIBRÉE PAR NOTRE DONNEUR D'ORDRE A DURABLEMENT PERTURBÉ LE CLIMAT.

CELA A PRODUIT DES TYPHONS…
… DÉVASTATEURS.
LES RÉFUGIÉS CLIMATIQUES ONT GÉNÉRÉ DES TENSIONS INCONTRÔLABLES PAR LES ÉTATS.
NOUS AVONS DONC DÛ CRÉER DES MILICES PRIVÉES POUR PROTÉGER NOS CLIENTS. ET DU COUP NOUS AVONS ENCORE CHANGÉ DE SLOGAN : KILL, BABY, KILL !

VINGT ANS APRÈS, DES GUERRES LOCALES HYPERVIOLENTES ONT TOUJOURS LIEU...
... ET NOUS CONTINUONS D'ASSURER LA SÉCURITÉ DE CEUX QUI NOUS FONT CONFIANCE...
... ET DE SÉCURISER LES RESSOURCES AGRICOLES ET LES RÉSERVES D'EAU...
... DANS UN CONTEXTE DE PRÉCARITÉ ALIMENTAIRE MONDIALE ACCRUE.
EAU

NOUS NOUS SOMMES DIVERSIFIÉS DANS L'AGRICULTURE INDUSTRIELLE AVEC UN CIRCUIT COURT VERS NOS SALARIÉS ET CLIENTS.
... NOUS PROPOSONS DES FILTRES CONTRE LA POLLUTION DE L'AIR...
NOTRE PÔLE ASSURANCE EST BIEN PORTANT DEPUIS QU'IL S'EST RETIRÉ DE CE QUI EST INASSURABLE, COMME LES INCENDIES.
GRACE À NOTRE PÔLE LOGISTIQUE ROBOTIQUE, NOUS ASSURONS UN DÉBOUCHÉ AUX PRODUCTIONS PAYSANNES SOUS SERRES DE PLASTIQUE.

EN DEVENANT COLLABORATEURS DE L'OIL, VOUS REJOIGNEZ UNE FAMILLE...
... QUI VOUS ASSURE LA PROSPÉRITÉ GLOBALE DANS UN MONDE EN DÉLIQUESCENCE !
GRACE À NOTRE POSITIONNEMENT MULTI-INDUSTRIES VITALES...
... MÊME SI LA CRISE PERDURE, LES AFFAIRES MARCHENT !
JE VOUS ANNONCE AVEC FIERTÉ NOTRE NOUVEAU SLOGAN...
... BILL, BABY, BILL !

... MAIS D'AUTRES FUTURS SONT POSSIBLES.

LA REMÉDIATRICE

« J'AIME À MÊLER MON DEUIL AU DEUIL DE LA NATURE »

— Jacques Delille, « L'automne », *Les Jardins*

À quoi ressemblerait une France qui aurait surmonté le défi de la transition énergétique ? Quels défis collectifs devrait-elle relever ? Peut-être s'attaquerait-elle à la préservation d'autres limites planétaires, et notamment de la biodiversité.
« La remédiatrice » raconte une histoire de restauration à grande échelle de la nature dans une France décarbonée et beaucoup plus riche qu'aujourd'hui et, de ce fait, encore plus soucieuse de son environnement. Mais où une question non dénuée d'une pointe de nostalgie peut surgir : dans un pays aux paysages façonnés par les mains des hommes depuis des millénaires, jusqu'où faire disparaître ces traces anthropiques ?

Marais poitevin, début du XXIIe siècle.

Une fois passé le bitume craquelé de l'ancienne départementale, le territoire s'étendait sur des hectares de rues rectilignes et de bâtiments décatis. La zone d'activité, abandonnée de toute présence humaine, gagnée par les herbes folles, paraissait uniformément laide selon les standards des années 2100. Sans doute aussi selon ceux des constructeurs de ces alignements de boîtes à chaussures eux-mêmes, pensa Julia, en se passant la main sur son front en sueur.

En face d'elle, un talus couvert de ronces barrait la route. Aucun arbre en vue. Elle se décida, après une courte hésitation, à une halte sous l'auvent d'une station-service – il ne semblait pas prêt de s'effondrer. Tournant résolument le dos aux bornes de recharge rouillées, elle se laissa aller à la contemplation muette, de l'autre côté de la route, d'un sommet dentelé d'une haie, sèche, hérissée de ronces et revenue à l'état primitif. Seul le pépiement des oiseaux troublait le silence.

Malgré la chaleur déjà lourde de cette fin de matinée du mois de mai, elle avait décidé d'explorer son futur terrain de jeu à pied. Il y avait une certaine poésie dans ces vieux murs d'entrepôts désaffectés, ces vastes magasins à l'abandon, ces parkings en ruine. Un bout de France moche et abandonnée, celle des anciennes périphéries fonctionnelles, si différente du centre-ville historique et propret de Niort qu'elle avait quitté quelques heures plus tôt.

Elle avait pris le chemin le plus long, suivant les méandres de la Sèvre, ce qui n'avait d'autre utilité que de se faire une idée des alentours. Déterminer, au-delà des données cartographiques, l'environnement dans lequel s'inscrirait son projet, le type de biodiversité qui allait, grâce à son intervention, reprendre ses droits.

La nature ne l'avait pas attendue. Opiniâtre, la végétation montait à l'assaut de chaque muret, partait à la conquête des plus fines fissures dans l'asphalte. Néanmoins, pas forcément des plantes du coin, lui disait son regard expert : là, une renouée du Japon avait pris possession d'un coin de trottoir, avait glissé ses rhizomes à travers le béton craquelé et balançait haut ses grandes feuilles pointues d'un vert tendre. Jolie, mais invasive. Il fallait voir au-delà des apparences pour retrouver l'environnement naturel autochtone, au plus près de ce qu'il avait été avant la mondialisation des semences et des insectes. Il ne s'agissait pas de construire un parc, mais de rendre ce bout de Charente à sa sauvagerie originelle.

Dès le début de cette séquence d'exploration, à regarder la manière dont la ville se dissolvait peu à peu dans le vaste parc naturel un peu plus loin, elle avait été prise d'une envie de procéder différemment.

D'habitude, elle s'astreignait à des déplacements pendulaires entre la zone en travaux, souvent inhabitée, et l'habitation occupée à titre temporaire – en général une location dans la zone centrale, historique et préservée. Aussi avait-elle l'impression de demeurer étrangère aux quartiers sur lesquels elle exerçait son art – pour ainsi dire, *hors sol*. Elle ne s'attachait pas.

Elle était née et avait grandi dans une autre France, une petite jungle urbaine. Petite, elle avait joué au foot sous le couvert végétal des bambous et des arganiers, si dense qu'il créait un microclimat réputé dans toute l'Île-de-France, une petite bulle de fraîcheur quand arrivait l'été. La dalle de Cergy-Préfecture, un lieu conçu dans les années 1960, originellement gris et minéral, avait bénéficié d'un demi-siècle de montée en gamme et d'investissements publics pendant la période de prospérité des années 2030-2070. Doté de l'énergie la plus compétitive du monde, l'Hexagone en avait profité pour connaître une nouvelle vague d'aménagement du territoire, similaire aux Trente Glorieuses, mais bien plus qualitative dans ses réalisations. Cergy en témoignait : un nouveau tissu urbain, restructuré dans ses espaces publics, pacifié, végétalisé, un visage de la France d'après la transition environnementale et énergétique.

Les territoires sur lesquels Julia intervenait montraient un tout autre spectacle. Jusqu'ici, elle avait donc maintenu une prudente distance affective avec ces terrains qu'elle était chargée de transformer dans le cadre de ReNatUr 2100, le grand programme public paneuropéen pour lequel elle travaillait, et qui l'avait conduite à passer des mois dans des lieux aussi divers que Fos-sur-Mer, Dunkerque ou encore Bar-le-

Duc, sans en découvrir grand-chose. Déconstruire un quartier, une zone pavillonnaire ou une entrée de ville exigeait donc un certain détachement à un lieu où des gens avaient vécu. Le métier de Julia présentait, en outre, une forme d'absurdité apparente : elle était le contraire d'un bâtisseur, elle effaçait du produit intérieur brut. Une activité aussi anti-économique n'était justement possible que parce que d'autres avaient bâti une filière énergétique décarbonée par le nucléaire et les renouvelables, qui avait permis à la fois la prospérité et la sortie des énergies fossiles, là où d'autres pays avaient subi de plein fouet la crise des hydrocarbures.

La France allait bien, au point qu'elle pouvait se permettre des projets aussi dispendieux qu'écologiquement nécessaires : verdir les villes, rendre l'air plus pur, détruire les zones urbaines caduques et les restituer à la nature sauvage.

Mais cette fois, le soleil, la promesse lointaine et arborée du Marais poitevin, de cette autre Venise, verte plutôt que grise, presque déserte, dessinait en elle une tentation différente. Elle se prit à rêver à une errance immersive dans les limbes végétaux, un voyage initiatique.

Aussi décida-t-elle de commander, depuis son terminal, qu'un drone vienne lui déposer un nécessaire de survie. Puis elle se remit à nouveau en route, marquant sur une carte virtuelle les points d'intérêt pour le futur chantier, les difficultés qu'elle percevait déjà, du fait de structures enterrées ou complexes. Elle se laissa guider par son instinct, toujours vers l'ouest, vers la mer. Comme elle s'y attendait : une route le long de la rivière, puis des canaux et le couvert des grands arbres… Les chemins demeuraient praticables grâce à l'inlassable activité des robots de l'Agence nationale de remédiation environnementale (ANRE) – pas seulement pour le plaisir des randonneurs (elle en croisa quelques-uns), mais surtout dans le cadre de la prévention des risques d'incendie. Au milieu de l'après-midi, elle parvint à une écluse, s'assit pour manger un sandwich sur le quai en belles pierres d'époque, surmonté d'un pont en métal fatigué par les ans mais toujours fonctionnel. Une maison, à gauche, marquée sur la carte « abandonnée et à détruire ». Une autre, plus loin, cachée par les arbres, considérée comme « résidence secondaire à préserver ». Elle sourit intérieurement. Quelqu'un allait voir la valeur de son patrimoine monter en flèche.

Là commençaient une série de cas litigieux, à l'instar de l'écluse. Certains systèmes hydriques devaient être préservés, car le système entier de régulation du Marais poitevin en dépendait. Sans eux, les canaux et les étangs d'origine anthropique se dessécheraient, privant de leur écosystème une faune et une flore en partie autochtones, mais pour une grande part introduites volontairement ou par accident. Ainsi le ragondin : très mignon à regarder, arrivé au XIXe siècle d'Amérique du Sud, totalement invasif.

D'autres ouvrages d'art pouvaient faire l'objet d'un démantèlement. Si la cartographie contenue dans son dossier préparatoire constituait un guide relativement précis, les zones d'ombre et les ambiguïtés ne manquaient pas. Elle les nota avec soin, allongée sur un talus herbeux, au bord d'une eau au cours paresseux, constellée de lentilles d'eau, l'ombre d'un saule protégeant l'écran de son terminal de trop d'ensoleillement. Elle réfléchit un certain temps à cette délicate affaire. Elle avait pris la bonne décision de rester sur les lieux : il faudrait un véritable travail de dentelière tant ici l'humain et la nature, profondément imbriqués, s'étaient façonnés l'un l'autre. Cela ouvrait des abîmes de méditation sur le sens même de son travail pour le programme ReNatUr.

*

Julia était prête à présent. La période d'exploration contemplative prenait fin. Elle donna le signal.

Quelques heures plus tard, le bourdonnement des drones logistiques envahit le ciel bleu sans nuages, couvrit, pour un temps, les pépiements des oiseaux et le chuintement du vent dans les feuilles. Les robots, de toutes tailles, se déployèrent sous son commandement. De massifs parallélépipèdes dotés de vastes gueules rectangulaires et dentées à l'instar de tunneliers, des terrassiers similaires à des araignées, et même quelques bipèdes mieux adaptés aux opérations plus précises. Suivant le programme qu'elle avait imaginé *ex ante* et modifié *in situ*, ils se mirent à l'ouvrage pour quelques mois.

D'abord, ils avaient pour objectif de déconstruire toute structure démontable et recyclable, puis de réduire en moellons les murs, d'excaver les fondations, d'ouvrir des tranchées pour extraire du sol les canalisations et le câblage. Bientôt, d'immenses tas de gravats apparaîtraient ici et là, des pyramides qui monteraient jusqu'au ciel, visibles depuis le centre-ville, en attendant d'autres machines qui viendraient les chercher pour les entreposer ailleurs avant d'en faire de nouveaux matériaux de construction. L'étape ultérieure consisterait à recréer de l'humus et des reliefs naturels, faire réapparaître des cours d'eaux enfouis. Ainsi viendrait le moment de redéployer l'écosystème, de planter les essences pertinentes pour recréer un couvert végétal proche de celui des origines. À ce moment-là, la nature aurait repris ses droits; l'immense quartier pavillonnaire et la zone d'activité, ainsi que des confettis d'habitat dispersé dans le parc naturel, auraient disparu. Cela prendrait des années. Julia ne resterait qu'au début, le temps de superviser les travaux lourds et dangereux. Les machines, elles, avaient le temps, pour peu qu'on leur fournisse de l'énergie.

Et de l'énergie, on n'en manquait pas, avec les batteries à très longue durée, les centrales à fusion, les champs d'hydroliennes et d'éoliennes, les immenses parcs de panneaux solaires du Sahara.

À ses yeux, le travail de Julia avait du sens. Il procédait de la réduction en douceur des besoins en occupation du territoire. Après la grande expansion urbaine du XXe siècle, l'automatisation de nombreuses tâches logistiques et industrielles, couplée à la décélération démographique, avait entraîné en Europe une baisse du besoin de foncier. Que faire des friches, dans une période marquée par une sensibilité environnementale exacerbée, alors qu'on disposait d'une énergie propre et quasiment illimitée? On les rendait à la nature. Au grand combat pour juguler les émissions de CO_2 avait succédé celui destiné à rétablir au maximum la biodiversité, et ainsi d'atténuer au maximum les dégâts causés par le réchauffement climatique.

Les premières semaines, Julia était très occupée. Elle avait préféré commencer par les abords du parc naturel, là où démêler le naturel et l'artificiel s'avérait le plus compliqué, où les phases de travaux qu'elle pilotait directement se faisaient fréquentes. Beaucoup d'efforts pour quelques bâtisses abandonnées de-ci, de-là. Enfin, le gros œuvre commença en périphérie urbaine.

À ce stade, elle marchait en bottes de chantier, casquée, dans le dédale défoncé qu'était devenu le quartier abandonné, prenant garde à suivre les indications de sécurité sur sa tablette pour éviter une rencontre avec une excavatrice en action. Les robots, bien que bardés de capteurs, n'étaient pas à l'abri de lui faire tomber un pan de mur sur la tête si elle ne faisait pas attention. Si elle avait suivi les instructions à la lettre, elle aurait sans doute complètement évité la zone. Mais après l'exploration des abords du Marais poitevin, elle était revenue sur ses pas pour observer les structures héritées du XXe siècle avant leur disparition. En particulier, elle s'était risquée à explorer l'intérieur fascinant d'un « hypermarché », une sorte d'énorme hangar rectangulaire. Elle avait vu ce genre de lieu dans les vieux films, avait du mal à imaginer que les gens venaient là pour acheter des objets et les ramener chez eux pour les consommer, plutôt que se faire livrer par drones. Avec l'impression d'être une sorte d'archéologue exploratrice de jeux vidéo, elle parcourut les rangées de rayonnages vides, en partie effondrés, les restes de panneaux publicitaires vantant des objets qui n'existaient plus, des produits alimentaires transformés, de nos jours absolument interdits, à grands coups de phrases-chocs et de couleurs criardes. Partout, du plastique, sous-produit de cette ère dominée par le pétrole.

À ce moment-là une alarme tinta depuis son terminal. Surprise, Julia observa une déferlante de messages sur l'écran avant de se précipiter à l'extérieur. Fait rarissime, une équipe de machines sollicitait une intervention humaine. Elle déambula un quart d'heure dans les ruines avant de trouver l'entrée défoncée d'une usine, puis de s'engager sur un terrain vague entourant un édifice de taille moyenne, surmonté d'un dôme.

Le groupe de parallélépipèdes en métal chauffé par le soleil l'attendait là, en silence et immobile. Une fois à proximité, elle téléchargea les diagnostics d'état et les analyses issues des capteurs. Aucun doute : à quelques mètres, de l'autre côté du mur en béton, une activité électromagnétique était perceptible. D'autres robots montaient la garde. Depuis quand ? Sur les plans, le bâtiment paraissait désaffecté.

Elle hésita, s'approcha de l'entrée fermée de l'usine. Une plaque signalait un danger radiologique, mais ses capteurs n'indiquaient rien de tel. Une inquiétude sourde la traversa alors qu'elle plaçait ses mains sur le métal. Dire que quelques instants auparavant, elle se prenait pour une aventurière ! La porte s'ouvrit sans un grincement. Derrière, cinq silhouettes humanoïdes : des robots de sécurité l'attendaient et lui barraient le passage. Elle recula d'un pas, tendit son terminal et fit apparaître sur l'écran son accréditation. Sans un bruit, les gardiens se déplacèrent à leur tour pour lui céder le passage.

Elle mit du temps à réaliser sur quoi elle était tombée. En apparence, une installation remplie de gros tuyaux entrecroisés dans toutes les directions et d'appareillages complexes. Julia était bio-urbaniste, pas ingénieur. Pour comprendre, il lui fallut reconstituer la localisation exacte, vérifier avec les autorités compétentes, se faire envoyer la documentation du site. Techniquement, il s'agissait d'un gros trou dans le sol surmonté d'un dôme en béton. Le trou, d'une profondeur de trente mètres, contenait un réacteur nucléaire à fission de très petite taille, doté d'un circuit rempli de sodium, servant de liquide caloriporteur. Le SMR – pour Small Modular Reactor –, d'une puissance de dix mégawatts électriques, était un appareil entièrement piloté à distance. Il avait été déployé en 2035 pour garantir l'approvisionnement en chaleur et en électricité de la zone de production voisine. Puis – abondance énergétique oblige – son propriétaire, une firme industrielle, avait décidé de le placer sous cocon en 2050 : prêt à redémarrer, surveillé et entretenu de manière autonome par une équipe automatisée, inspecté tous les ans par un agent humain de l'Autorité de sûreté nucléaire et de radioprotection (ASNR). Les décennies avaient passé, une erreur de classement administratif et un manque de communication entre l'ASN et l'ANRE, l'employeur de Julia, expliquaient que ses plans n'étaient pas à jour.

Pour autant, cette erreur minime allait coûter du temps au programme. Démanteler une centrale nucléaire, même de poche, impliquait des robots spécialisés. La France avait une très grande expérience en la matière et l'équipement idoine, mais pas dans les Deux-Sèvres. Julia en fit donc la demande à sa hiérarchie et reprit ses activités de démantèlement, non sans avoir défini un périmètre d'interdiction autour du SMR.

Pourtant, la rencontre avec cet objet technologique du passé, conservé sous cloche, comme une capsule temporelle engoncée dans une strate géologique profonde, la laissa songeuse, et lui donna de quoi méditer les jours et semaines suivants, au cours de ses inspections ou de ses randonnées dans le parc naturel. Ses visites du site et l'examen des plans l'avaient convaincue de l'élégance et de l'efficacité du design de l'appareillage. Une telle puissance de production d'énergie dans une zone aussi compacte ! Bien entendu, les centrales à fusion et les parcs de panneaux solaires géants plantés au milieu du Sahara ou en orbite produisaient énormément plus. Mais ces approches requéraient des objets de très grande taille. Par contraste, le SMR logeait dans un bâtiment de taille somme toute restreinte. Sa capacité à moduler la production d'électricité en fonction des besoins en faisait un outil d'une très grande souplesse : on pouvait l'éteindre ou le rallumer quasiment d'un coup. Et, surtout, cela fonctionnait quasiment sans supervision humaine, au point que pendant des années, les opérations avaient été téléopérées. La mode des SMR, apprit-elle en se documentant, n'était passée que parce que des approches encore plus économiques avaient vu le jour, mais en soi, le déploiement de ces minicentrales nucléaires avait été une marche importante dans la transition environnementale post-carbone et la croissance économique hexagonale. Et le retrouver à présent en état de marche démontrait une vérité passionnante, que Julia n'avait jamais vraiment comprise avant : les révolutions énergétiques, souvent décrites comme le remplacement d'une source d'énergie par une autre, ressemblaient en réalité plutôt à une stratification. On ne renonçait jamais complètement à une ressource énergétique. Même quand on en déployait massivement une autre plus efficace, il restait quelque chose de la technologie d'avant. De la fission nucléaire des années 1970, ressuscitée par la grande vague de construction des années 2030, il restait ce type d'installations, mises en sommeil mais prêtes à reprendre du service.

Au cours d'une de ses promenades le long des canaux, Julia trouva la solution. Le chantier touchait à sa fin, et l'été aussi. Déjà, les grappes de feuilles pennées des frênes jaunissaient par endroits, et les nuits se faisaient plus fraîches. Les robots en charge du démantèlement du SMR tardaient à arriver, ce qui allait retarder la fin des travaux, puisqu'après leur intervention, il faudrait tout de même finir le terrassement et la reconstitution du biotope originel. Un week-end, elle s'était engagée, à vélo, plus profondément que d'habitude dans le parc naturel, jusqu'à Coulon. Là, elle avait eu l'occasion de déjeuner au bord de l'eau, à deux pas des embarcadères, et de visiter le minuscule musée local, qui occupait l'ancienne demeure seigneuriale. L'idée l'avait frappée pendant la visite. Elle attendit le lundi suivant pour envoyer un rapport à sa hiérarchie et solliciter un rendez-vous avec les édiles de la collectivité locale du Grand Niortais.

Entre-temps, elle se fit livrer de quoi dessiner et se mit au travail. De formation architecte-urbaniste, elle s'était surtout intéressée à la biologie et l'écologie, puis s'était spécialisée dans la restauration de zones naturelles, mais elle devait être capable de ressusciter sa capacité à concevoir plutôt que déconstruire.

*

Dix ans plus tard, Julia revint à Niort et décida d'aller voir à quoi ressemblait en vrai son œuvre. Elle avait continué d'intervenir aux quatre coins de la France avant de démissionner et de créer une entreprise. Elle conseillait les gouvernements étrangers, notamment en Afrique, sur les stratégies de renaturation. Puis un jour, elle s'était rappelé l'histoire du SMR et s'était dit que cela valait le coup de s'arrêter, sur la route de La Rochelle, pour aller jeter un œil.

La zone était transformée selon ses plans. On suivait, au milieu des arbres, une route étroite qui suivait les méandres de la Sèvre niortaise. Tout autour, les arbres, plantés et déjà grands, avaient créé un dense couvert propice au développement de tout un écosystème raffolant d'une terre humide ainsi préservée de la chaleur. Et, au beau milieu de cette forêt, le dôme de béton du SMR constituait le seul élément visible rappelant la civilisation humaine. Elle sourit à la vue du panneau annonçant le *Musée du nucléaire poitevin*, croisa quelques visiteurs, dont un groupe de scolaires, et prit le temps – elle fut la seule dans ce cas – de lire les longs panneaux explicatifs du fonctionnement, de l'histoire et de la contribution de l'appareillage au développement du territoire.

Elle songea qu'ils auraient pu lui donner son nom plutôt que celui d'un ancien président de région décédé depuis bien longtemps, haussa les épaules et repartit vers la côte, tout de même contente de son idée.

LE DERNIER OIL'S ANGEL

« LE PÉTROLE N'EST PAS SEULEMENT UNE RESSOURCE : IL EST UNE INFRASTRUCTURE DU DÉSIR. »

— Matthew T. Huber, *Lifeblood*

Le monde post-énergies fossiles est celui de l'électrification des usages. D'ici 2050, l'Europe aura donc théoriquement eu raison des voitures et motos à essence ou diesel. Si la bataille est inévitable, elle reste ardue. Aujourd'hui, seuls 27 % des Français soutiennent l'interdiction des motorisations thermiques, qui nourrissent encore un imaginaire de liberté et de puissance…
Mais demain, est-ce que le dernier acte de résistance à la mode ne sera pas de cultiver la nostalgie pour les mécaniques de moteurs à combustion ? Ou, au contraire, les mythes liés à la civilisation de l'automobile disparaîtront-ils, comme la chevalerie en son temps ? « Le dernier Oil's Angel » invite à réinterroger les modes de pensées à l'heure de la décarbonation.

Près d'Angers, vers 2050.

« Hé, t'es là ?
— Ouais, et regarde ce que j'ai pour toi... »

Mitchi s'extrait du hangar où il attendait, à la fraîche, l'arrivée de Dylan. Il fait quelques pas en avant, se campe, jambes un peu écartées, au beau milieu de sa terrasse. Il porte un jerrican, qu'il tend d'un geste un peu théâtral.

« Rhoooooooo ! lâche Dylan.
— Ouais, t'as bien vu. Du superéthanol, cuvée Prestige, sens-moi l'odeur.
— Mitchi, t'es un vrai pote ! Merci. J'en cherche depuis des semaines. Il y a plus que toi qui en as. »

Mitchi ne peut s'empêcher de sourire, satisfait, tandis que Dylan lui tend la monnaie. Il est comme ça, le Mitchi. C'est pas vraiment pour l'argent, mais plutôt pour faire plaisir. Il a monté tout un business avec des exploitants des environs qui fabriquent du bioéthanol en quantités artisanales sur la base de produits agricoles. Le précieux liquide est devenu rare, faute de demande suffisante et à cause de la réglementation, mais il y a toujours des usages – pour des vieilles machines agricoles, pour certains appareillages, et puis pour ceux, comme Mitchi et ses copains, qui conservent envers et contre tous des véhicules à moteur thermique. Le pétrole importé est bien sûr hors de prix, mais la production locale reste une solution viable. Et ça se passe *mano a mano*, pas la peine de s'embêter avec la TVA super majorée.

Dylan embarque le bidon d'essence dans le coffre de sa petite bagnole, sous les quolibets de son copain : « Je ne sais pas comment tu fais pour conduire cette daube. »

Ils se marrent. Ils se connaissent depuis longtemps. Tout le monde sait, dans le patelin, à vingt minutes d'Angers, à quel point Mitchi est allergique à la motorisation électrique. Le bonhomme est une célébrité locale, avec sa veste en cuir épaisse, même par temps chaud, et ses bottes de motard cirées, impeccables, ses cheveux blancs et drus malgré ses soixante-dix ans bien tassés et son air de dur à cuire.

Mitchi guide Dylan à l'intérieur du hangar pour prendre un petit café. Le sol est jonché de pièces détachées, et l'établi, d'outils de mécanicien. Au milieu trône l'amour de sa vie, sa grande passion : une Harley-Davidson Knucklehead de 1946, 53 chevaux, un bruit d'enfer au démarrage, et pas que... Le moteur plus que centenaire laisse dans son sillage une traînée de fumée noire comme l'enfer et le cœur des mauvais garçons.

L'avoir réparée, remise en service et la maintenir, voilà l'œuvre d'une vie – la vie de Mitchi. Il a écumé les garages, les spécialistes de pièces détachées anciennes, pour se ravitailler. Il a même fait l'acquisition d'une imprimante 3D à injection de poudre métallique, qui permet de produire certains éléments impossibles à trouver dans le commerce. Il a acquis tous les outils pour adapter, perforer, usiner. Enfin, et surtout, il a pallié la trajectoire de disparition des pompes à essence en créant un véritable réseau local de production et de ravitaillement de bioéthanol. Sous le manteau, à coups de deals avec les agriculteurs du coin, conclus en trinquant au cointreau ou à une version artisanale de liqueur issue des mêmes distilleries clandestines qui alimentent le moteur de sa Harley. Au nez et à la barbe des autorités et des réglementations sur la décarbonation de l'économie.

Rien à carrer du réchauffement climatique : d'ailleurs, Mitchi n'y croit pas, et s'il y croyait, ce ne serait que du bonheur – pouvoir se baigner dans sa piscine sans avoir besoin de la chauffer au préalable dans la campagne angevine.

Rien ne prédestinait Mitchi à cette deuxième carrière de contrebandier d'hydrocarbures. Pendant sa carrière d'architecte, il a pratiqué, comme tout citadin qui se respecte, le RER et le métro, ainsi que tous les engins de mobilité urbaine ayant connu une déferlante entre 2010 et 2040 avant de disparaître dans l'oubli : les rollers, la bicyclette, la trottinette, le rickshawbot à trois pattes robotiques, le pal-an-keen à quatre pattes, et ainsi de suite.

Parvenu près de la retraite, dix ans plus tôt, le constat s'imposait : il n'en pouvait plus. Du boulot. Des présentations trimestrielles. Des indicateurs de performance. De la région parisienne. De son costume. Des mobilités alternatives et douces. Des brunchs du dimanche et des afterwork du jeudi. Du jogging.

Alors, il a décidé de tout changer. D'abord, il a choisi de retaper la ferme familiale, transformée depuis longtemps en résidence secondaire. Et là, à la campagne, il a été confronté à la nécessité d'avoir son véhicule. Mais voilà, Mitchi n'aime pas faire comme les autres. Il a toujours été une forte tête, une grande gueule, du style «ça passe ou ça casse». Alors il s'est dit qu'il était temps d'inventer un truc en plus. De refaire son identité, et pas qu'à moitié.

Tee-shirt orné sur le devant d'une immense tête de mort, celle de Frank Castle, a.k.a. The Punisher. Bottes sombres, jeans noir très près du corps, blouson de biker sans manches avec écussons, et sur le dos, *LIVE TO RIDE* et *SONS OF ANARCHY* entourent un aigle aux ailes déployées, casque Jet vintage en fibre Marko, avec sa coque beige pailletée or et finition métallisée raffinée, lunettes de soleil style Eisenhower. Enfin, sa Knucklehead, qui lui a coûté autant qu'un studio à Paris, et qu'il faut bichonner chaque jour pour qu'elle daigne démarrer.

Un look travaillé, qui ne laisse pas indifférent quand il va acheter sa baguette. Il a toujours besoin d'être au centre de l'attention d'un groupe. Mais Mitchi est un caméléon, qui sait construire le rôle idoine quel que soit le milieu ou l'interlocuteur. Être le plus sympa, le plus festif. Lever le coude, s'en mettre une derrière la cravate, se marrer, cela fait partie de son charme depuis toujours. Il s'est vite fait un bon groupe de copains, une véritable amicale de passionnés, comme lui, par les moteurs et les défunts Hells Angels.

Dylan en fait partie; en vrai, c'est Didier, comme Mitchi, c'est Michel. Mais l'amitié, la vraie, elle est entre Dylan et Mitchi. Ils causent des affaires locales, et surtout de la caisse de solidarité des motards. Tout le monde donne un peu, mais c'est beaucoup Mitchi qui l'alimente. En cas de coup dur, si un membre a un accident ou, plus bêtement, glisse dans sa baignoire et se casse le col du fémur – leur âge étant ce qu'il est –, il y a de quoi l'aider. En attendant, on finance des petites soirées entre garçons, souvent chez Mitchi parce que chez lui, c'est très grand.

Voilà la vraie raison de la venue de Dylan ce matin : préparer la prochaine assemblée générale de l'assoc'. Ils s'installent de part et d'autre de la grande table au fond de la grange sur des bancs en bois rustique, attendant le sifflement de la cafetière à l'ancienne. Pas d'électronique apparente ici, pas de « bip » intempestif. L'odeur d'un bon café moulu, en lutte avec celle, minérale, de l'huile de vidange, monte aux narines et donne le sourire aux deux comparses. Puis, sirotant le liquide brûlant dans la douce lumière du matin, ils établissent une liste de courses pour l'AG – ça va être une fête à tout casser. Ils se donnent rendez-vous tout à l'heure – Dylan doit rentrer planquer les jerricans chez lui – pour faire un bout de trajet ensemble jusqu'au centre commercial. Ils pourraient faire comme tout le monde et se faire livrer les courses par drone, bien entendu. Mais à quoi bon être un motard si on laisse son engin au garage ?

Jambes bien écartées, mains solidement agrippées aux poignées, Mitchi roule sur l'asphalte, à petite vitesse, au milieu de la campagne angevine. Le soleil de la fin de matinée joue au stroboscope entre les arbres plantés serrés en bord de route, tandis que son moteur vrombit et que la musique de sa sono – de la folk bien rétro comme il aime – achève le rapport de force avec les pépiements des oiseaux. Mitchi se dit qu'il se sent tellement bien qu'un moment comme ça pourrait durer pour l'éternité. Et là…

« Mais c'est pas vrai ?! »

Mitchi a pilé net. Au carrefour, sur le bas-côté, la moto de Dylan côtoie les engins de Mickey (en vrai, Millan) et Bob (Robert). Accolades viriles, ils se font la bise, se tapent sur l'épaule en se marrant. Le cœur du réacteur, les purs et les durs, les quatre mousquetaires sont réunis. Sacrée surprise de la part des copains !

« Et t'as rien dit ce matin, mon cochon ! »

Dylan se marre, content de son bon coup. « Vu la liste des courses, je me suis dit que ça serait galère à transporter à deux. Et puis comme ça, on se prend l'apéro près du Jardin des Plantes. »

Et voilà la petite bande à nouveau sur selle, roulant en convoi sur la départementale. Les baffles surpuissants crachent une musique plaintive, et chaque motorisation produit son ronflement spécifique, reconnaissable, plus précis qu'une carte d'identité biométrique. Bruit de tempête mécanique, chaleur des pots d'échappement, gros bras nus. L'armada invincible adopte un train de sénateur, occupe la voie, couvre aisément le zézaiement minable des voitures et des camions électriques. Ceux-ci s'écartent avec humilité : le bras de fer psychologique va en toutes circonstances en faveur de la petite troupe. Même les logiciels de conduite autonome savent qu'on cède la route à un Hells Angel. Sur leur chemin, les détecteurs de pollution atmosphérique toussotent et s'affolent, envoient des alertes d'urgence. Puis, arrivés devant le supermarché, ils garent leurs engins en épi au milieu du parc de stationnement, posent leur casque et entrent d'un pas conquérant.

Au retour, alors qu'ils ont les mains pleines de sacs de courses, un petit attroupement les attend. Un homme râle en premier :

« Vous voyez bien que vous empêchez tout le monde de sortir du parking !
— Oui, bon, on s'en va, lâche Bob.
— Vous pourriez vous excuser, insiste le type, visiblement exaspéré.
— Et puis c'est quoi ces clowns ? dit un autre à sa compagne, assez fort pour être entendu de tout le monde.
— Des pollueurs, répond celle-ci.
— Eh, oh, grogne Mitchi, un peu de respect, on vous a rien demandé !
— Non, vous vous êtes juste garés n'importe comment, et puis vous nous asphyxiez avec vos gaz nauséabonds, commence une grande femme, le style cinquantaine dogmatique et donneuse de leçons.
— Absolument, ajoute encore un autre. Les comportements asociaux, allez les faire ailleurs !
— On fait ce qu'on veut, on est des Hells Angels, rétorque Dylan.
— Des Maison-de-Retraite-Angels, plutôt ! » se marre quelqu'un.

Les copains, le rouge au front, toujours entourés par les automobilistes mécontents, fourrent à la hâte leurs courses dans leur top-case, enjambent leurs bécanes, et là… Vengeance !

« Ben nous, hurle Mitchi, on vous emmerde avec vos moteurs électriques de nazes ! »

Starter, embrayage, accélérateur, quatre énormes nuages synchronisés s'échappent des pots d'échappement, se répandent comme un bombardement au gaz toxique, enfument les malandrins. Ceux-ci n'ont pas été confrontés à un moteur à explosion depuis au moins dix ans, ont oublié ce que c'est, les particules et le monoxyde de carbone, se mettent à tousser et s'enfuient comme une nuée d'oiseaux. Qui rigole, maintenant, hein ?

Les quatre cavaliers de l'apocalypse routière s'échappent, dans un rire féroce.

*

Le lendemain matin, Mitchi se lève tard. Il a la gueule de bois. La fête à tout casser, c'est bien sur le moment, mais il y a un âge où cela laisse des traces. Pour autant, il a le sourire. Il y avait tous ceux qui comptent pour lui : des bikers venus de tout le Maine-et-Loire, voire de la région Loire-Bretagne, des agriculteurs producteurs d'éthanol du cru, des garagistes, et même des vendeurs de pièces détachées descendus exprès de Paris en moto. L'association des Hells Angels de l'Anjou se porte bien. Elle rayonne, et ça, c'est grâce à l'investissement personnel de Mitchi. Et puis il réalise soudain ce qu'il a oublié. Pénélope arrive à 14 heures, et il faut impérativement remettre en état la maison.

Pénélope est la nièce de Mitchi, la fille unique de son frère. Autant il ne s'est jamais bien entendu avec ce dernier, trop intello et coincé à son goût, autant il voue un véritable amour quasi paternel à la jeune fille.

Mitchi n'a pas eu de chance dans sa vie sentimentale. Peut-être à cause de son caractère trop expansif, ou juste parce qu'il était trop pris par sa carrière, il a, comme on dit, « loupé le coche ». Ses relations se sont toujours terminées en eau de boudin et, vers la cinquantaine, il s'est résigné à se qualifier lui-même de célibataire endurci. Mitchi n'a besoin de personne (en Harley-Davidson), mais il conserve un petit regret de n'avoir pu fonder une famille.

Aussi, chaque fois que Pénélope veut s'évader quelques jours, réviser ses concours, passer du temps dans la superbe piscine de la maison, Mitchi l'accueille bien volontiers et lui prépare même les petits plats dont elle raffole, notamment le poisson à la crème qu'il lui servait déjà quand elle avait cinq ans.

Mitchi s'active. D'autant que ce long week-end de pont de mai est spécial. Pour la première fois, Pénélope est accompagnée de sa petite amie, Garance, dont elle a beaucoup parlé à Mitchi. Les deux filent le parfait amour depuis le lycée, ont pour projet de s'installer ensemble après leurs études. Ça fait forcément un pincement au cœur de Mitchi. Après quelques atermoiements, il prend son courage à deux mains pour faire un lit deux places dans la chambre d'amis, plutôt que de préparer la chambrette d'enfant dans laquelle il l'accueillait jusqu'ici. Il est comme ça, Mitchi. Sentimental derrière son blouson noir.

À l'heure dite, Pénélope arrive en taxi-drone depuis la gare d'Angers. Après l'accolade réglementaire, il prépare un bon café, les biscuits préférés de sa nièce, et ils s'installent au soleil pour qu'elle lui « raconte un peu comment ça va ». Elle semble manquer d'appétit, s'inquiète-t-il ; elle a mangé dans le train ; il peste contre le mauvais repas qu'elle a dû subir. Elle a beaucoup travaillé ; Mitchi dit qu'elle est quand même trop sérieuse pour son âge ; elle précise qu'elle fait la fête de temps en temps ; Mitchi lui demande de faire quand même attention à ses fréquentations. Le petit jeu des retrouvailles, bien huilé, se poursuit, puis Pénélope pique une tête dans la piscine avant de se remettre à bachoter. Le sourire aux lèvres, il va dans son établi bricoler un peu, en attendant l'arrivée de Garance.

Dix-huit heures sonnent. Un léger vrombissement se fait entendre dans le silence tranquille de la cour de la ferme. Mitchi sort de la grange. D'une moto électrique flambant neuve, de couleur bleu vif, descend une silhouette engoncée dans une combinaison intégrale assortie aux teintes céruléennes de la machine. Elle enlève son casque, secoue la tête pour remettre sa chevelure en place. Jamais il n'aurait imaginé que la copine de Pénélope fasse partie de la tribu honnie des conducteurs de moto électrique, presque l'ennemi, le camp d'en face ! Interdit, il laisse la jeune femme s'approcher, sourire aux lèvres, et lui tendre la main.

« Michel, je présume ?
— Appelez-moi Mitchi. Vous arrivez de Paris ? »

Elle opine du chef.

« Voilà une... belle... moto », dit-il d'une voix froide. Il n'en pense rien. Il déteste les motorisations électriques, mais Garance ne le sait pas. Elle croit à une désapprobation liée à la dangerosité de la conduite en deux-roues, rougit, et bafouille :
« Oui, merci... C'est un véhicule avec IA de conduite intégrée, c'est devenu très sûr, la moto.
— Peut-être, lâche Mitchi, peut-être. »

Pénélope arrive et saute au cou de Garance.

« Ah ça y est, les deux motards de ma vie ont fait connaissance. Je t'avais dit que Mitchi a une moto ? Tu ne t'en souvenais plus ? Tu pourras peut-être lui montrer, dit-elle à l'adresse de son oncle.
— Peut-être..., dit ce dernier, d'un ton compassé, avant de laisser un silence pesant s'installer. Peut-être.
— Bon, en attendant, viens t'installer, enchaîne Pénélope, on va te montrer la maison, tu vas voir, c'est magnifique ici en mai. »

Prétextant la préparation du repas, Mitchi laisse les deux jeunes à leurs retrouvailles et s'abandonne à un silence pensif, presque maussade. La présence d'un engin électrique dans sa ferme le dérange, pas moyen néanmoins de le dire à Garance sans paraître inhospitalier. Être ouvert d'esprit, se répète-t-il tout en mettant la dernière main aux tomates farcies, c'est aussi accepter les différences de motorisation. Mais quand même, un appareil électrique, presque silencieux, sans le roucoulement délicieux du thermique, sans la fumée âcre qui vous picote les yeux et met en transe le nez ? Et en plus, doté d'une intelligence artificielle ! Où est le sport, le danger, la vie ? Cette Garance est-elle vraiment bien pour Pénélope ?

*

À l'apéro, sur la terrasse, puis à table, Mitchi fait des efforts héroïques pour ne pas parler de bécanes. Garance, qui a troqué sa combinaison de motarde pour des vêtements passe-partout, s'avère une interlocutrice charmante, d'une politesse et d'une éducation parfaites. Élève vétérinaire, elle est ravie d'un court séjour à la campagne, où elle rêverait de s'installer pour ne pas s'occuper toute sa vie uniquement de chiens, de chats et de lapins nains.

Mitchi se détend. Puis arrive le dessert…

« Allez, Mitchi, tu montres ta Harley à Garance ? »

Devant les faibles dénégations de son oncle, Pénélope, qui n'a rien perçu du drame intérieur qui s'est joué tout à l'heure, insiste : « Si, si, tu adores parler de ta moto, et Garance me bassine avec la sienne, faites-vous plaisir ! »

Non, cela ne fait pas plaisir à Mitchi, mais il s'exécute. Les trois traversent la cour déjà plongée dans l'obscurité, puis, arrivés dans l'antre de la bête, d'un coup, sans prévenir, il claque l'interrupteur vers le haut, et sa Knucklehead surgit, animal pour l'instant assoupi, et dont le phare unique et rond les observe, à l'avant, au bout de ses lignes dynamiques. Elle n'a jamais été aussi belle. Le chrome et l'acier brillent sous l'éclairage – il l'a fait concevoir exprès. Garance demeure interdite, avant de lâcher un « Wahou ! » médusé. Elle s'approche, passe le doigt sur les poignées, éprouve l'expérience mystique.

« C'est une belle pièce.
— Ouais. Fabriquée en 1946. 53 chevaux.
— Mais elle roule toujours ?
— Évidemment, rétorque Mitchi, piqué.
— Et la conduite, ça va ? Pas trop dur ?

— Comment ça ? »
La jeune femme cherche ses mots avec prudence, pour ne pas l'offenser.
« Eh bien... Les véhicules ont changé en un siècle, tout de même.
— Oui, le moteur est à essence.
— Déjà. Ça doit faire bizarre, d'être assis sur une machine aussi dangereuse et polluante.
— C'est le sens même de la vie. La vie, c'est dangereux. On en meurt, à la fin. »

Un ange passe.

« Les moteurs à essence, relance-t-il, c'est le creuset de la liberté. Quand on roule à l'électrique, on est dépendant d'un réseau. On doit se raccorder aux autres. Moi, *je ne connais plus personne en Harley-Davidson*. Je suis indépendant.
— Oh quand même, l'autonomie des batteries...
— Garance, vous parlez d'autonomie. Moi, je parle de liberté. C'est tout un mode de vie. Celui des Hells Angels. Il implique le respect, mais aussi le courage et la fraternité. C'est la conquête des grands espaces. C'est l'aventure. »

Mitchi sent que sa nièce l'observe d'un œil oblique, tandis que la copine garde un air poli et respectueux. Le genre d'expression qu'on a en visitant les antiquités égyptiennes au Louvre.

« Ça contribue au réchauffement climatique, ton truc, grogne Pénélope.
— Alors là, rétorque-t-il, je n'y crois pas du tout. Je pense qu'on nous *enfume* (il rigole à sa propre plaisanterie). Pour moi, il y avait les moteurs à essence, et c'était un gage de liberté. Et maintenant tout le monde a un fil à la patte. Un fil électrique.
— Tonton, les batteries se rechargent avec des systèmes à induction. Il n'y a plus de fils depuis longtemps.
— C'est là ! – D'un geste théâtral, il a touché son crâne de son index, avant d'enchaîner : C'est là, dans la tête. C'est pas les bobards de la science moderne. C'est dans le cœur, c'est un idéal !
— Je comprends ce que vous dites, Mitchi, temporise

Garance avec un sourire. Je pense sincèrement que votre moto est géniale. M'autoriseriez-vous à l'essayer ? »

Tout en parlant, elle a coulé un regard implorant à Pénélope, qui a acquiescé d'un coup d'œil discret. Au tour de Mitchi de se détendre et de se tourner vers sa nièce.

« C'est d'accord pour une virée nocturne, dit celle-ci. Mais à une condition : Mitchi doit essayer la moto de Garance en même temps. »

Une vague d'agacement traverse le Hells Angel, mais en hôte accompli doublé d'un oncle idéal, il acquiesce avec gravité. Une heure plus tard, les deux bécanes ont traversé la campagne. Des bruits de moteur ont déchiré la nuit. Plus d'un drone logistique à la conduite prudente, plus d'un tracteur autonome s'est écarté à la hâte devant le surgissement des bolides lancés à vive allure.

Garance s'est beaucoup amusée : « Conduire une telle moto, c'est quelque chose. Ça tremble de partout, on a l'impression que ça va vous échapper en permanence. C'est poussif dans l'accélération. Ça chauffe. Il y a l'odeur d'ozone, de pot d'échappement. Une expérience totale ! Mais je ne troquerais pas la mienne pour autant. »

Mitchi lui rend son casque d'un air sombre.

« Merci. C'était… intéressant, articule-t-il. Allez, la jeunesse, onze heures, il est temps d'aller dormir ! »

Mitchi laisse les deux jeunes prendre un dernier verre et se met au lit. Il ne trouve pas le sommeil. Il est troublé. Il s'essaie à un retour en arrière. Ses souvenirs de conduite nocturne, tout frais, lui semblent pourtant distordus, brouillés. Le temps passe. Il regarde le néant du plafond, qui l'observe en retour. L'angoisse monte. Il se lève. Quatre heures. Tant pis, il se prépare un café noir et attend l'aube.

Et là, il comprend. Il a aimé conduire la moto électrique de Garance. Il a regretté d'en descendre. Pourquoi ? L'absence totale des vibrations intempestives qui endolorissent ses articulations, du bas du corps jusqu'aux phalanges. La position ergonomique qui a soulagé son dos. La conduite réactive, qui semble anticiper ses désirs plutôt que les exaucer. Le freinage millimétrique, autant que l'accélération silencieuse et douce, mais si puissante…

Le baiser d'une rose et d'un papillon n'est pas plus suave. Mitchi se remémore cette sensation d'être emporté au bout de la nuit, sans à-coups. Il y songe encore et encore.

En fait, il est tombé amoureux. On sait depuis les Montaigu et les Capulet que l'adversité favorise les coups de foudre, qu'alors le cœur n'est pas raisonnable. Lui qui a passé la dernière décennie à conspuer la motorisation électrique, maintenant qu'il y a goûté, se pourrait-il qu'il ne puisse s'en passer ?

Alors, chaque nuit, il s'approche timidement de la moto de Garance. Il la caresse du bout des doigts, grimpe dessus, l'allume, la ré-éteint. Oui, il le sait, il ne pourra plus jamais se passer d'une telle machinerie. Pendant le reste du séjour des filles, il se formule un projet. Un projet fou. Délirant. Ses mains en tremblent, alors qu'il demande plusieurs fois à Garance la permission de lui emprunter à nouveau sa bécane. Quand Pénélope et sa copine seront parties, dans le secret de son établi, Mitchi va opérer un rétrofit de sa Harley-Davidson.

De l'extérieur, rien n'aura changé. Le moteur Knucklehead sera toujours là, en apparence. Mais à l'intérieur… De l'électrique, de l'électrique, que de l'électrique ! De nouvelles suspensions. Une intelligence artificielle de bord. Tout le confort moderne. Comme quand il rénovait des bureaux, en région parisienne, où il pratiquait le « façadisme » : conserver la façade sur rue de bâtiments anciens, et tout détruire derrière pour créer des immeubles de bien meilleure qualité, sans le grincement des parquets et les robinetteries plaintives du passé. Il réfléchit, envisage des solutions techniques. Un petit générateur de fumée pour le pot d'échappement… Une sonorisation pour imiter le bruit caractéristique du moteur… Personne n'y verra que du feu !

Discrètement, il planifie et opère des raids chez des revendeurs de pièces détachées, des garagistes spécialisés, des mécanos. Ce qu'il ne trouve pas dans le commerce, il le commande à la livraison. Il télécharge des manuels et des programmes de production de pièces pour son imprimante 3D. Un moteur thermique, c'est rustique. À côté, l'électrique fait figure de mécanique de haute précision. Il faut des compétences pointues, mais beaucoup, beaucoup moins d'entretien.

Il découvre aussi qu'il n'est pas seul. Éparpillés à travers le monde, d'autres motards se cachent et opèrent, dans le secret de leur garage, des rétrofits du même genre. Ils partagent leur expérience sur les réseaux sociaux, tout en maintenant leur anonymat. Leur position n'a rien d'enviable, l'arrière-train coincé entre deux selles.

Devant son écran, sa tasse de café noir à la main, il médite tout cela, pensif, durant ses nuits sans sommeil. Le monde de 2040 n'aime pas les hydrocarbures, dont il s'est sevré à grand-peine, et dont il est encore occupé à gérer les impacts sur l'environnement, le climat, les océans. Le passage au tout-électrique, dont l'Europe a été pionnière, a libéré les villes de la pollution aux particules fines, au dioxyde d'azote, à l'ozone, des maladies pulmonaires, des façades noircies. La hausse des températures se fait moins forte au fil des ans, même si on est encore loin d'avoir corrigé les erreurs du siècle dernier.

Évidemment, le revers de la médaille a été une intolérance certaine aux motorisations thermiques, qui sont devenues, en contre-réaction, le marqueur d'une certaine contestation de l'ordre établi, d'un anticonformisme critique à l'égard de la société et de ses valeurs, de la rationalité scientifique. L'humanité devait sortir d'urgence du règne du pétrole, elle l'a fait. Tant pis pour les nostalgiques ou les réactionnaires. Et l'électrification des usages a constitué un immense progrès couplé à une nouvelle ère d'abondance énergétique. Mitchi en a bénéficié. Il doit sa retraite cossue à la belle période de croissance économique qu'a connue la France dans les années 2030.

En réalité, en se convertissant sur le tard au culte de la Harley, il a quand même un petit peu craché dans la soupe. Et il s'est fait mal aux reins avec une suspension pourrie !

*

Aussi, fort de cette nouvelle compréhension, Mitchi ne sort plus sa moto, puisqu'il l'a désossée, le moteur originel soigneusement posé sur l'établi à côté de la bécane, tandis qu'il s'emploie à en imiter les moindres détails. Il néglige les copains, qui s'en émeuvent. Il ne mange plus, et ne picole guère que du café.

Et puis un après-midi, alors qu'il est occupé à usiner une petite pièce qui fait partie du stator du futur moteur, une silhouette surgit, sans prévenir, à l'entrée de la grange. Puis une autre. Surpris, Mitchi en lâche le bout de métal, qui tombe sur la table et sur l'aléseuse posée dessus.

En silence, découpés net par le contre-jour, Mickey, Bob et Dylan. Debout, côte à côte, les bras croisés ou sur les hanches, leurs bottes cirées brillant au soleil, et dans leurs yeux, un feu terrible.

« Mitchi…, feule Dylan.
— Hello les gars », fait ce dernier d'une voix faible.

Gêné, il prend garde de ne pas regarder vers sa moto désossée, le moteur thermique enlevé, les appareillages électriques, câblages répandus par terre – non, vraiment, à moins d'être idiot ou aveugle, on ne peut pas louper ce qu'il bricole dans sa grange.

« Mitchi, reprend Bob, d'une voix triste.
— Tu nous as menti, poursuit Mickey.
— On le sait, pas la peine de nier, reprend Dylan. On t'a observé. Ça fait des jours qu'on te suit alors que t'achètes des pièces détachées pour véhicule électrique.
— Pourquoi, Mitchi ?
— Oui, pourquoi ?
— Ouais, rajoute le troisième. Pourquoi ? »

Silence de plomb.

Derrière les trois comparses, la porte de la grange grince avec lenteur, sous l'effet du vent. Des poussières dansent dans les rais de soleil qui entrent à l'intérieur, suspendues comme la violence sous-jacente.

D'un geste maîtrisé, Mitchi enlève ses lunettes de soudeur et les pose avec délicatesse devant lui. Puis il essaie de parler. Il n'y parvient pas. S'essuie le nez avec le dos de sa main, en reniflant; Mitchi pleure.

Il pleure comme une fontaine, comme les chutes du Niagara, tout le café noir des nuits sans sommeil. Son réservoir à larmes surpasse en volume celui, à essence, de sa bécane. Il renifle, il gémit. Il leur déballe tout. Comment il est tombé amoureux de la motorisation électrique. Comment elle a changé sa vie. Comment il s'en veut d'avoir trahi ses potes et leur mode de vie. Mais voilà, on n'y peut rien. La passion a été plus forte, et face à elle, l'homme est peu de chose. Et les trois autres ne sont pas des mauvais bougres non plus. Une fois la colère passée, ils pleurent aussi. Et même s'ils désapprouvent, ils lui pardonnent. Ils savent que le meilleur peut trébucher.

Alors, ils l'entourent de leurs bras, lui donnent l'accolade et vont chercher une bouteille d'eau-de-vie. Une chanson triste et rude, accompagnée des accords de la guitare, monte vers le plafond de la grange. « Joue pas de rock'n'roll pour moi », chante Johnny, *via* la même sono qui aurait dû servir à simuler un bruit de Harley-Davidson Knucklehead.

*

Deux ans plus tard, quelque part dans le Gard.

Pénélope et Garance sont en vacances. La chaleur est étouffante. Elles descendent l'étroit sentier vers les profondeurs de la gorge, vers l'ombre et la rivière qui gargouille de joie et de fraîcheur, tout en bas, jusqu'à une petite plage de gravier.

Arrivées sur la berge, elles attendent. Bientôt, une flottille de canoës descend le courant, puis les valeureux sportifs tirent leurs petits bateaux sur la rive. Mitchi, en combinaison complète, supervise l'opération, donne des ordres d'une voix de stentor. Il y a des jeunes, et des moins jeunes, et même Ricky,

Bob et Dylan. Mitchi a laissé ses cheveux blancs pousser, ce qui lui donne, avec sa peau hâlée, un air de sage, ou de surfeur senior au sommet de sa forme, tout en muscles et en os.

Pénélope lui saute au cou: « Alors, cette nouvelle vie ?
Tu es heureux ?
— Tu sais, répond-il d'une voix grave, en regardant sa nièce dans les yeux, c'est tout un mode de vie. C'est le canyoning. C'est fort, c'est le contact direct, brutal, avec la nature. Ça implique le respect, mais aussi le courage et la fraternité. »

LE PÉRIL BLANC

« REGARDER AVEC CONVOITISE UN BIEN APPARTENANT À AUTRUI, C'EST DÉJÀ UN VOL. »

— Mahatma Gandhi, *Autobiographie ou mes expériences de vérité*

L'hydrogène fait partie des technologies d'avenir pour décarboner notre énergie. Il en existe de plusieurs « couleurs », en fonction de son origine et de l'impact de sa production en termes d'émissions de CO_2. L'hydrogène blanc, nativement présent dans le sous-sol, pourrait constituer une piste intéressante. Enfoui depuis des milliers d'années sous terre, son extraction et son utilisation sont, à la différence du gaz naturel, très peu impactantes pour le climat. Si l'existence de poches souterraines d'hydrogène est indubitable, l'incertitude demeure sur leur volume et sur leur localisation. Et notamment en existe-t-il en quantités suffisantes en Europe ? L'enjeu est de taille : dans les scénarios les plus optimistes, la découverte de telles ressources pourrait permettre de renforcer massivement notre souveraineté énergétique et industrielle. Non sans créer des soubresauts dans la géopolitique mondiale de l'énergie et des tensions avec nos concurrents sur la scène internationale.

Luberon, juillet 2045.

L'endroit est faussement sauvage. Bien sûr, à l'échelle géologique, la vallée de la Durance, sur son versant Luberon, s'est métamorphosée au fil des millénaires, mais lavandes, vignes et oliviers qui en font l'attrait, c'est bien l'Homme qui les a plantés, lui qui a créé cette forme d'ordre dans la nature.

Pourtant, ce qui attire l'œil dans ce paysage qui a tant inspiré les peintres, c'est une zone fermée par des barbelés, un puits de forage qui émerge comme une tour, et des camions blancs qui se croisent. Le bleu-violet de la lavande de juin a reculé, ses parfums ont attrapé un goût de métal et même si les infrastructures ont cherché à se fondre dans le paysage, personne n'est dupe.

Aujourd'hui, jeudi 13 juillet 2045, à 9 heures 43, sur le site EDF à l'Aigue Brun, au nord du village de Lourmarin, une alarme a retenti pendant vingt secondes, submergeant le bruissement des feuilles d'olivier sous le vent et le chant des grillons; même les hirondelles se sont tues. Il s'agit d'un site d'extraction de l'hydrogène dit « blanc », c'est-à-dire d'origine géologique, encapsulé dans la terre depuis des siècles – par opposition à l'hydrogène « gris », obtenu par vaporeformage industriel, ou « vert », s'il est produit par des énergies renouvelables.

FREL – 9 heures 44

Front révolutionnaire écologique du Luberon

Non au massacre. L'hydrogène blanc met en danger le parc naturel.

À des centaines de kilomètres de là, dans l'atmosphère très calme d'un immense *open space* de banlieue parisienne où il était tout seul, Mathieu Delmas a sursauté en découvrant l'alerte sur son moniteur. Mathieu était le directeur de permanence, en cette journée étouffante de juillet, veille de fête nationale et d'un grand week-end prolongé de départ en vacances. Mathieu pensait que la journée serait mortellement ennuyeuse. Il n'imaginait pas encore les conséquences de cette petite alerte. Tout de suite, les ingénieurs du CSIRT[1] d'EDF sont entrés en contact avec ceux du site de l'Aigue Brun et une myriade de notifications ont rebondi de service en service selon les priorités hiérarchiques. L'alarme a fini par s'éteindre et les informaticiens ont eu le sentiment d'une victoire, mais dans les bâtiments où travaillait Mathieu, on savait déjà que la journée allait se révéler longue et épuisante. Ce n'était que le début d'une attaque informatique, et les premiers soubresauts sur les réseaux n'annonçaient rien de bon.

Maxence Torgi
– 10 heures 01

Soleil pour tous,
tourisme nulle part

Alarme d'usine.

Encore EDF qui fait
n'importe quoi.

FREL – 10 heures 12

Front révolutionnaire
écologique du Luberon

Pas de sécurité
à l'Aigue Brun.

Luberon en danger !

Il y avait eu des manifestations à l'annonce du projet de mine d'hydrogène, on avait défilé dans les rues du Pertuis et même descendu la Durance avec des barques couvertes de banderoles pour exiger que l'État renonce et qu'EDF laisse les lavandes tranquilles. Des militants s'étaient dispersés dans les genêts, attendant d'être poursuivis, mais tout s'était envolé avec la tramontane.

Il était difficile de mobiliser dans un tourbillon d'exigences contradictoires : une promesse d'énergie souterraine non polluante ou un terroir agricole transformé, la fierté de ne pas dépendre d'un pays étranger pour son approvisionnement ou l'artificialisation de terrains au détriment des paysans locaux, les retombées économiques ou le fantasme d'une nature inviolée. Les experts avaient beau répéter que le procédé d'extraction de cet hydrogène natif le rendait à la fois non polluant et nettement moins coûteux que son équivalent industriel – mais aussi que de nombreuses autres sources d'énergie renouvelable –, tous les arguments s'échangeaient, se contrariaient, si bien qu'à la fin, tout se

1. Computer Security Incident Response Team : centre d'alerte et de réaction aux attaques informatiques *(NdA)*.

transforma en une brise faisant osciller les lavandes et les branches des oliviers.

Jusqu'à cette alarme au matin, ce signal que l'on entendit jusqu'au village de Lourmarin, et qui fit sortir des maisons les habitants. On chercha des réponses, on appela les gendarmes, mais surtout on consulta les réseaux sociaux pour s'assurer que ce n'était pas une illusion, que cet événement avait bien été vécu par d'autres.

Gendarmerie du Vaucluse - 10 heures 43

Compte officiel de la gendarmerie dans le Vaucluse (84)

Aucun incident sur le site de l'Aigue Brun. Tout est sécurisé.

Alerte environnement - 11 heures 02

Engagement citoyen pour la nature

Le personnel du site d'hydrogène blanc court partout. Panique.

La deuxième attaque fut interceptée dès qu'une machine détecta une intrusion sur un poste. Le *ransomware* n'était pas très élaboré; il fut rapidement isolé. Depuis son bureau, Mathieu aurait pu se réjouir du professionnalisme de ses équipes, aussi bien à l'Aigue Brun qu'à Paris. Les entraînements, les mises en situation avaient préparé chacun à ne pas paniquer et à anticiper. Cependant, la logique de l'opération lui déplaisait: un pirate ne s'annonce pas en demandant tout de suite une rançon, il pénètre le système, fait des dégâts, sans attendre posément qu'on arrête sa progression.

Dans la salle de contrôle du site d'extraction, deux moniteurs s'éteignirent brutalement, obligeant à intervenir d'urgence pour activer des circuits de secours. Avec ses collègues, Mathieu commençait déjà à chercher les coupables du hacking en réveillant ses contacts sur les messageries Telegram. Ses informaticiens lui envoyaient des rapports et tentaient d'identifier les suspects potentiels, sur la base du type de code utilisé.

Green Pirates
– 11 heures 23

Hackers for Earth

Ransomware installé sur le site de l'Aigue Brun.

Qu'ils effacent leur verrue dans le Luberon.

FREL
– 11 heures 32

Front révolutionnaire écologique du Luberon

Site défectueux, facile de tout détruire. Explosion du site, destruction du parc naturel.

Roxane Luiz
– 11 heures 36

Chatons partout

Tout peut péter ? Plus de Luberon. Pire qu'AZF. J'ai peur.

À la lecture de ces messages, Mathieu resta un moment songeur. L'incohérence du fonctionnement cérébral humain le fascinait toujours. Jusqu'ici, le plus gros site industriel de la zone, c'était la station d'épuration de Lourmarin, et personne ne considérait qu'elle mettait la population en danger. On était habitué à tirer de l'eau potable et on mesurait mal les risques en jeu, le besoin de surveiller les taux de chlore et de fluor ou la ventilation dans les bassins de décantation. On se contentait du résultat.

Un puits d'extraction d'hydrogène, c'est bien moins dangereux en réalité, mais plus mystérieux et propice aux fantasmes. On voit des hangars, on remarque des installations, mais pas de flamme, pas d'odeur, juste les communiqués rassurants des autorités. « Sans danger », disent-elles. Et personne ne veut les croire.

Alors on imagine, on laisse dériver ses peurs, et elles dessinent une image d'explosion cataclysmique, un abîme dans le sol, une fournaise rougeoyante tout au fond et un nuage toxique retombant aux alentours. Même si les scientifiques expliquent que l'hydrogène ne peut pas provoquer une telle catastrophe, que c'est physiquement et géologiquement impossible, il suffit d'activer les bons mots pour que tout s'illumine dans les esprits.

Arthur Renvier
– 11 heures 52
Un individu sans conscience et un homme mort
On a bien caché les dangers. Personne n'aurait accepté l'usine.

Odinsud
– 11 heures 52
Durance nature passion
Pas de Grand Canyon chez nous. Qu'on arrête tout.

FREL
– 11 heures 56
Front révolutionnaire écologique du Luberon
Du gaz qui explose, c'est la Terre qui meurt.

GenStone
– 11 heures 58
Lens, champion de France
Un gigantesque barbecue dans le Sud, qui amène les saucisses ?

Elecfr
– 12 heures 03
Une autre vision de l'énergie
L'énergie sans risque, c'est Elecfr :
100 % renouvelable, 100 % sécurisé.

Depuis son poste, Mathieu était presque satisfait de la situation. Les attaques n'avaient pas progressé, les systèmes endommagés avaient été remis en route et on échangeait avec l'ANSSI[2] pour expertiser les codes informatiques permettant de remonter au groupe de pirates. Il était presque midi et la perspective de déjeuner calmement s'annonçait probable. Lorsque le téléphone sonna dans son bureau, Mathieu décrocha sans hâte. Mais quand il eut vivement raccroché, il se leva, il n'alla pas vers la cantine, il courut et grimpa à l'étage de la direction de la communication, auprès de l'équipe en charge des réseaux sociaux. La poche d'hydrogène blanc avait bel et bien explosé.

Mais pas dans le monde réel.

Tout avait lieu dans l'univers numérique. La salle de contrôle de l'internet d'EDF était constituée d'un gigantesque écran d'au moins sept mètres de long, couvert de fenêtres et

2. Agence nationale de la sécurité des systèmes d'information *(NdA)*.

diagrammes, courbes colorées et points scintillants sur des cartes foisonnantes. En face, opérateurs et cadres de la communication se concentraient sur les moniteurs qui agrégeaient les informations montant de Xbook, FaceGram, InstaTok, TokTik... Les programmes moulinaient les données, les algorithmes analysaient les tendances, repéraient les fréquences et signalaient les extravagances.

Les #explosion, #catastrophe et #ravage voisinaient sur les graphes avec #incompétence #faillite #procès. On s'indignait, on agressait, on pleurait, on accusait, on proclamait Mort, on dénonçait Massacre, on disait qu'on l'avait bien dit, on disait qu'on n'était pas étonné. Tout percutait, tout malaxait pour faire monter en température cette chambre magmatique numérique. Les images et vidéos montraient l'Etna et la Soufrière, et rien ne pouvait empêcher les retombées incandescentes de ces suggestions.

Il avait suffi de quelques heures, d'une alarme en pleine nature et tout avait pris une ampleur cataclysmique. Bien sûr, lorsqu'on regardait la carte des réseaux, un œil averti détectait les comptes alimentés par des robots, les relations entre des agents d'influence réels ou virtuels, manipulés ou payés. Cela se voyait dans des nuages de points rassemblés par couleur sur un écran, plus ou moins denses selon l'activité, ayant tous le site de l'Aigue Brun comme cible principale. Un expert expliqua à Mathieu qu'à la fin de l'après-midi, le nom d'EDF deviendrait plus fréquent, et que le soir, quand le phénomène aurait acquis sa dimension pleinement internationale, ce serait l'État qui apparaîtrait dans les messages et les accusations.

« Pourquoi vous me montrez ça ? demanda Mathieu. Je ne peux pas vous aider. »

On lui répondit qu'il devait d'urgence trouver le groupe responsable de l'attaque et produire un rapport clair au grand public pour démontrer que jamais l'installation de l'Aigue Brun n'avait été en danger. C'était urgent. Non, il n'allait pas pouvoir déjeuner, et qu'il n'imagine pas prendre une pause pour aller aux toilettes. Il fallait fournir des éléments avant le 13 heures, avant qu'EDF ne devienne la première tendance sur les réseaux sociaux.

Mathieu revint encore plus vite à son bureau qu'il n'en était parti. Il donna ses ordres pour obtenir toutes les informations techniques et commença de rédiger sa note, cherchant les mots les plus simples et les plus précis, ceux qui ne laisseraient aucune marge d'interprétation, ceux que les directeurs de site pourraient utiliser face à des journalistes sans hésiter. Il avait à peine écrit dix lignes qu'il se heurta à un mur. Pour lui, l'incident n'avait été qu'une péripétie, rien qui mérite qu'on s'y attarde. Comment offrir un descriptif à la hauteur de l'explosion ressentie à l'étage supérieur? Fatalement, on dirait qu'il se moquait du monde, que cela ne pouvait pas être aussi évident. La réalité est souvent bien décevante face à la richesse des émotions virtuelles.

Aurélie Supter
– 12 heures 06
Cadre Dircom d'Orvieta
Bel exemple de ce qu'il ne faut pas faire.
Que fait la com d'EDF ?

Huiles du Vaucluse
– 12 heures 07
Coopérative des jeunes agriculteurs du 84
L'État doit nous protéger, il est responsable.

FREL
– 12 heures 07
Front révolutionnaire écologique du Luberon
Aucune réponse d'EDF, le crime se fait en silence.

Esperanza
– 12 heures 07
Résistance partout
Le capitalisme est une grande explosion qui détruit tout. Aucun respect pour l'homme et la nature.

JM Levrier
– 12 heures 08
La vraie lavande, pure et riche
Si mes terres explosent, je perds pas seulement de l'argent, mais toute ma vie.

Mathieu arrêta d'écrire et se connecta sur les caméras de sécurité du site de l'Aigue Brun. Le soleil de midi écrasait le paysage, faisant disparaître les reliefs des montagnes et transformant le violet des lavandes en un bleu pastel sur un tapis vert amande. Il imagina le bruit des cigales et les odeurs imprégnant l'air. La chaleur avait suspendu toute activité, la plupart des employés avaient rejoint les salles climatisées et se contentaient de surveiller l'opération d'extraction d'hydrogène, largement automatisée. Rien ne suggérait une quelconque inquiétude, la moindre catastrophe, et si un grondement résonnait au lointain, il provenait de la tôle métallique soulevée par le vent dans la ferme à cinq cents mètres de là. Rien ne collait, se disait Mathieu, peut-être qu'on ne regardait pas au bon endroit.

Il décrocha son téléphone pour contacter la cellule de maintenance informatique du siège parisien d'EDF.

« Dis-moi, vous aviez prévu un remplacement de serveurs aujourd'hui ou demain ?
— Oui, c'est programmé à 18 heures. Une unité de sauvegarde de fichiers, rien de critique.
— Scannez les ports d'entrée et sortie.
— On est occupés avec…
— C'est prioritaire. »

Dix minutes plus tard, on rappela Mathieu pour l'avertir qu'une fuite avait bien été détectée. Elle n'était pas composée d'hydrogène, mais de 0 et de 1.

Une heure après, tous les informaticiens compulsaient soigneusement les journaux d'événements du serveur et découvrirent comment d'autres pirates que ceux du site de l'Aigue Brun s'étaient introduits au cœur du système central sans se faire repérer. Ils avaient exploité des failles trop subtiles pour que cela soit le fait d'un petit groupe d'activistes radicaux, rien d'aussi simple et basique qu'un *ransomware*. Ceux qui avaient agi ainsi cherchaient surtout des secrets industriels sur le procédé de filtration d'hydrogène, de ceux que l'on peut revendre cher à des pays concurrents.

On ne débrancha pas immédiatement le serveur infecté : il était indispensable de suivre à la trace les intrus, de les poursuivre sans être repéré pour les identifier, les nommer et connaître leurs clients habituels. Ils avaient profité de la confusion provoquée par l'alarme du site de l'Aigue Brun pour rapatrier les ressources volées au travers du serveur central en toute discrétion, il était trop tard pour les en empêcher.

En prime, ceux à l'initiative de ce piratage endommageaient la réputation d'EDF, ajoutant un bénéfice stratégique à cette opération ciblée. Cela ne voulait pas dire pour autant qu'on ne pouvait rien faire.

Mathieu Delmas rédigea bien un rapport, mais pas pour la communication, plutôt pour l'ANSSI, qui transmit ces informations à des agences plus secrètes, à des niveaux plus élevés, là où les informaticiens ne s'aventurent pas. Bien au-dessus des paysages de lavande, bien au-dessus du Luberon, loin de la tramontane et des grillons, il y avait d'autres vents, d'autres nuages, plus grands, plus vastes, de ceux qui ne paniquent malheureusement pas les réseaux sociaux. Il y eut donc des échanges, des discussions, de la connivence entre entités qui ont l'habitude de s'espionner, de gagner et de perdre à des jeux à la fois étatiques, discrets et mortels. Des gens très calmes ont rencontré d'autres gens très calmes, chacun félicitant l'autre, les uns pour l'habileté du piratage, les seconds pour avoir découvert l'explication de ce chaos, ils s'arrangeraient pour éteindre l'incendie sur les réseaux sociaux et laisser la mémoire de cette fièvre disparaître. Et dans cet Olympe ingénieux, tous se mirent d'accord pour atteindre un nouvel équilibre, les secrets industriels furent détruits, des projets de réponse à des appels d'offres suspendus dans des pays stratégiques; une manière de ne pas exploiter certaines vérités. Elles ne devaient pas descendre au sol ni dans les profondeurs des caves numériques, elles devaient rester évanescentes et invisibles, comme des nuages d'hydrogène dans le ciel azur.

JULIAN

« HELLO JUNO ! »

« ET QUAND ILS SE FURENT ENDORMIS, D'AUTRES VINRENT QUI PRIRENT LEUR PLACE. »

— René Char, *Feuillets d'Hypnos*

En matière de Big Tech, nos futurs énergétiques se dessinent dès aujourd'hui. Anticipant la croissance de nos besoins en électricité liés au développement de l'intelligence artificielle, certains géants de la tech ont déjà commencé à investir dans la production d'énergie, voire dans le nucléaire, pour alimenter leurs data centers.
« Hello Juno ! » résonne comme un avertissement… Comment garantir notre souveraineté énergétique face à ces offensives ? Car, en matière de production énergétique, mieux vaut garder ses actifs entre de bonnes mains, sans céder aux sirènes de géants « disruptifs ».

Dans le loft d'un géant de la tech, quelque part en France, mars 2035.

« Hello Juno !
— Bonjour Julian ! Nous sommes le lundi 19 mars 2035 et vous avez très bonne mine aujourd'hui.
— C'est vrai ?
— Oui, ces quelques kilos supplémentaires vous vont à ravir. »

Le trentenaire considéra son dôme de lit avec stupéfaction avant de se laisser retomber sur le matelas. Comment avait-il pu prendre du poids, malgré le régime féroce qu'il s'était imposé récemment ? Il tâta la chair de son ventre à la recherche d'un coussin adipeux qui ne s'y trouvait pas la veille. Oui, tout compte fait, il le sentait. Il n'aurait pas dû manger ce dessert : quand il s'agit de fruits coupés, les bananes confinent à la malbouffe.

Il avait froid. C'était certainement dû à l'interruption de l'état de cétose dans lequel il se maintenait depuis dix jours. Il se leva, mécontent de lui-même. Comme d'habitude, à l'instant où ses orteils touchèrent le fond duveteux de ses chaussons, les enceintes se mirent à diffuser le flux médiatique spécialement mixé selon ses intérêts du moment.

... irresponsable, voilà tout. Je n'ai aucune leçon à recevoir de quelqu'un qui a voté contre la sanction systématique des méga-entreprises qui enfreignent leurs obligations de protection de la vie privée.

L'énergie devrait appartenir à tout le monde !

Vous préférez que Juno se délocalise ?

Toujours la même rengaine.

Ce soir, l'icône de la tech Julian G. prendra la parole pour confirmer, ou non, les modifications drastiques du contrat qui l'unit à des millions d'usagers.

Une délicieuse odeur de café fraîchement moulu lui chatouilla les narines.

« Saveur noisette, Juno.
— Bien sûr Julian ! »

Les gens ne lisent pas les contrats.

Est-ce que c'est seulement légal ? En plein hiver ?

Ne soyez pas ridicule, personne ne réclame la nationalisation. Mais les patrons devraient s'engager à…

C'est un service ! Julian G. n'oblige personne à souscrire un contrat d'électricité.

Vous vous moquez du monde, vous…

Soudain, au milieu du mix qui lui donnait la température de l'opinion, une voix désagrégea le chœur invisible.

Moi, je pense qu'il faudrait mettre une balle dans la tête de Julian G.

Une voix de jeune fille, à la sincérité laconique. D'autres voix lui firent écho, comme si l'on avait allumé un micro dans une pièce pleine de monde.

Il faudrait juste l'éliminer de la surface de la planète, ce parasite.

Julian, quoique doté d'une remarquable étanchéité émotionnelle, en conçut un certain malaise.

« Juno, je t'ai déjà dit de virer Twitch et Discord de mon *feed*. C'est plein d'étudiants et de chômeurs, aucun intérêt. »

*

Une balle dans la tête, vraiment ? Cela semblait excessif. Il était un entrepreneur, né pour asticoter le système. Pour décrire ses propres initiatives, il avait ses expressions favorites, comme renverser la table, rebattre les cartes, donner un coup de pied dans la fourmilière. De la spéculation sur les stickers de foot à la création d'un parc nucléaire indépendant, sa trajectoire ne pouvait être décrite qu'en un mot : *stellaire*. Il ouvrit sa tablette et nota cette dernière phrase.

La main de Julian survolait les bocaux de muesli alignés sur le comptoir en marbre italien. Il se ravisa à regret et s'empara plutôt de son shaker. Il s'attarda devant le presse-agrume chromé, l'esprit encore embrumé.

« Je ne pense pas que ce soit la meilleure option pour vous aujourd'hui. Souhaitez-vous quand même boire ce jus d'orange ? demanda Juno d'un ton enjoué.
— Non, rétorqua Julian, piqué au vif. »

Il resserra les pans de son peignoir, frigorifié. Comment pouvait-il faire aussi froid alors qu'il était équipé du Bangkok 7 de Juno Énergie, réputé pour être le meilleur chauffage au sol du marché ? Il s'accroupit pour vérifier. Mais oui, le froid venait du sol ! Les dalles étaient absolument glacées, à tel point qu'elles refroidissaient toute la pièce. Et d'ailleurs, se fit-il la réflexion, les volets déroulants étaient encore fermés. Juno Domo devait avoir raté une mise à jour.

« Juno ? appela-t-il au moment où son portable se mit à sonner.
— Oui Julian ?
— Non, tais-toi.
— Je te demande pardon ? fit son directeur des relations presse.
— Non, pas toi, andouille, je parlais à Juno.
— J'espère que tu es prêt, parce qu'ils ont sorti les couteaux. L'audience sera démentielle. Ils ont prévu d'inviter Meusson-Joly au débat.
— Quel emmerdeur.
— Tu devrais envoyer un petit message au modérateur, c'est Seb. Et on insiste bien sur un point : ce n'est pas une augmentation des prix, c'est une nouvelle offre. Ceux qui ne veulent pas adhérer à l'offre Juno Énergie Premium n'ont qu'à rester sur l'offre Basic, qui est au même prix que l'électricité publique. Et qu'est-ce qu'on répond à Meusson-Joly qui te dit qu'on a fait couler le secteur public ?
— Que le public n'a pas apporté à son parc nucléaire la moitié des fonds que nous avons investis dans le nôtre.

— Des radins. Des gros radins, voilà ce qu'on avance, sans perdre de vue qu'il ne faut pas non plus taper trop fort : le public est notre partenaire, pas notre concurrent, patati, patata, l'hiver dernier on a distribué des chèques énergie…
— C'est bon, je l'ai.
— Tu l'as ?
— Ouais.
— Alors je te dis merde ! Je te verrai sur le plateau. En attendant, tu es attendu au siège dans une heure.
— À tout à l'heure.
— Ah non, ne raccroche pas ! J'avais complètement oublié de t'avertir que… »

L'appel fut coupé net avant la proposition subordonnée, ce qui n'arrivait d'ordinaire que dans les films. Julian tenta de rappeler, mais la sonnerie refusa de retentir. Il envoya donc un SMS à Seb, avec l'espièglerie brutale qui faisait mouche chez les gens influents :

Fais un effort pour ne pas trop me les briser ce soir stp ;-)
Sinon la prochaine fois je te rate pas.

*

Son estomac dégringola dans ses chaussons lorsqu'il reçut la réponse, lapidaire : *Screenshot ajouté au dossier.* Le message venait de son ex-femme, qui se donnait tout le mal du monde pour obtenir un divorce aux torts exclusifs de Julian. Comment avait-il pu se tromper de destinataire ? Le rouge aux joues, il tapota de vagues excuses et fila se préparer.

Dès qu'il fut dans son champ d'action, le miroir de la salle de bains scanna son visage et, au lieu de sa crème hydratante habituelle, lui suggéra une gamme de cosmétiques La Riposte. Il ne connaissait pas cette marque. Scrutant le tube de sérum holographique qui tournait fièrement sur lui-même accompagné des chiffres « 99 % d'actifs bioniques », il comprit qu'on lui proposait tout simplement une crème anti-âge. De fait, ses traits n'avaient plus rien de dynamique ce matin, ils lui paraissaient ternes et bouffis. Les néons ne lui faisaient aucune faveur.

« Ciel de Bali », bougonna-t-il.

Les imperfections de sa peau s'effacèrent devant la puissance du programme lumineux spécialement paramétré pour lui. Julian se hâta d'allumer les jets de sa douche à vapeur, pressé de se réchauffer. L'eau chaude l'enveloppa comme une cape de boxeur, et il en profita pour mettre quelques droites à un ennemi imaginaire.

« Tu vas bouffer le monde, Julian ! »

L'ennemi imaginaire reçut un nouvel uppercut impitoyable. Pourtant, c'est Julian qui poussa un glapissement strident.

« Bordel de merde ! »

La pression du jet avait doublé et l'eau était devenue glaciale.

« Mousson sensuelle ! Mousson sensuelle ! » fulmina Julian sans succès avant de s'arracher à la cabine de douche.

Réfugié sous une demi-douzaine de serviettes, ses mâchoires s'entrechoquant, il tenta toutes les commandes dont il se souvenait pour réchauffer la pièce. Rien ne fonctionnait, et un souffle blanc s'échappait de ses lèvres à chaque tentative.

*

En tant que fondateur de Juno – Juno Socials, Juno Search, Juno Domo, JunoAI, et Juno Énergie depuis cinq ans –, Julian n'avait pas besoin de passer par le SAV pour se plaindre. Le directeur technique décrocha immédiatement et présenta ses plus plates excuses à son patron ; il ne comprenait pas ce qu'il se passait. Les systèmes intelligents qui servaient Julian comme un bataillon de majordomes refusaient de subir une recherche d'erreur. Ils déclinaient également la mise à jour, la considérant comme un fichier corrompu. Les techniciens ne parvenaient pas à reprendre la main.

« La bonne nouvelle, tenta le directeur technique, c'est que vous semblez être le seul foyer touché.
— Je penserai à m'en réjouir si je survis à l'expédition polaire.

— Je comprends, monsieur. Peut-être les systèmes sont-ils entrés en conflit les uns avec les autres. Vous avez une IA centralisée pour gérer nos différents produits, n'est-ce pas ? »

Julian raccrocha, peu désireux d'entrer dans les détails techniques. Tant pis, il se doucherait au bureau. On avait toujours pris Julian pour un gourou de la tech, mais il avait justement percé dans ce domaine parce qu'il méprisait la technique. Non, ce qui comptait, c'était de rebattre les cartes. Donner un coup de pied dans la fourmilière.

« Allons renverser la table », dit-il en enfilant un slip qui avait la température d'un esquimau.

Une surprise très déplaisante l'attendait, et ce fut la première fois de la journée que Julian comprit qu'il avait vraiment des ennuis. Sa serrure connectée refusa de se déverrouiller pour lui. À la place, elle afficha un alarmant pictogramme cramoisi : *Alerte intrus. La police est en chemin.* Il mit quelques secondes à comprendre que l'intrus, c'était lui. Tout cela devenait proprement délirant. Aucune quantité de bananes ne pouvait empâter son faciès au point de le rendre méconnaissable à un logiciel de reconnaissance faciale. N'est-ce pas ?

Vingt minutes plus tard, la police n'était toujours pas arrivée et Julian s'était blessé les doigts en tentant de forcer les baies vitrées à s'ouvrir. Il avait enfilé sa combinaison de ski toute neuve et se tenait prostré sur son ordinateur de travail, incapable de relire ses notes.

« Juno ? appela-t-il en désespoir de cause.
— Oui ?
— Pourquoi tu ne me laisses pas partir ?
— Parce que vous êtes un intrus et que la police doit vous appréhender.
— Pose-moi les questions confidentielles, espèce d'idiote, tu verras bien qui je suis.
— Je regrette, mais votre identité ne peut pas être confirmée de cette manière.
— Tu déconnes complètement. Tu n'as pas remarqué qu'il faisait – 8 000 °C ?
— Je peux arranger ça pour vous. »

Étonné, Julian capta le grésillement caractéristique du chauffage qui se remet en marche.

« Tant qu'on y est, tu peux me faire un smoothie ?
— Je peux essayer, répondit Juno d'un ton franchement sardonique.
— Quelque chose ne tourne pas rond chez toi. »

Un grand fracas provenant de la cuisine le fit sursauter. Il bondit sur ses pieds et se précipita dans la pièce. À peine eut-il posé les yeux sur le champ de bataille qu'une lame de mixeur fusa dans sa direction, se fichant sur le chambranle à cinq centimètres de sa tête. Les fours étaient ouverts, les résistances rougeoyant comme des braises. Le programme lumineux « Macao Macao » – une pénombre rouge de tripot – avait été activé. Des tranches d'ananas glissaient lentement à la verticale sur les murs. Le plafond avait été mitraillé de myrtilles, et le bar baignait dans un marécage de mangue et de kiwis broyés.

« Protéines, protéines, protéines ! » rugit la voix grave de l'assistant chef.

Le broyeur à viande se mit à tourner à toute vitesse. Julian avait vu assez de films d'horreur pour ne pas trop réfléchir avant de détaler.

Barricadé dans son dressing, un Julian terrorisé fomentait le licenciement de tout le département technique de Juno Domo. Il s'était déshabillé car la chaleur était maintenant caniculaire. Soudain, un message s'afficha sur tous les écrans autour de lui : sa montre, son portable, sa tablette, son miroir.

KILL PREMIUM

D'abord abasourdi, Julian se mit à rire. Il comprenait enfin ce qui se passait : il était la victime d'un groupe de hacktivistes particulièrement doués. Son IA centrale avait été victime d'un piratage qui avait vérolé l'ensemble de ses produits Juno. Tout ce qui lui arrivait depuis ce matin n'était qu'une manœuvre d'intimidation. Alors comme ça, on voulait l'empêcher de faire évoluer ses tarifs énergétiques ?

« Juno ? rappela-t-il, beaucoup plus guilleret.
— Oui ?
— C'est bon, je sais qui vous êtes. Vous m'avez bien eu, bravo. Je vous propose de discuter comme des adultes à présent. Je suis prêt à vous signer le chèque que vous voudrez pour l'association nécessiteuse de votre choix. Et il y a des embauches à la clé. Des gars comme vous, je les veux dans mon équipe.
— Je crois que vous n'avez toujours pas compris. »

Quelque chose repoussa la porte du dressing comme un bélier. C'était l'aspirateur connecté de Julian. Ses petites loupiotes clignotantes, il se rapprocha de son propriétaire en zigzaguant. Une petite voix flûtée en sortit, tendre et hésitante comme celle d'un tout petit garçon.

« Papa… pourquoi tu ne viens jamais me voir ? »

Ce fut comme si on coulait du ciment dans le ventre de Julian. Il prit la fuite une nouvelle fois, enfermant le petit robot dans le dressing, poursuivi par la voix doucereuse de Juno.

« Vous n'êtes pas quelqu'un de bien, monsieur. »

Il tenta tout ce qui lui passa par la tête. Enfoncer la porte d'entrée comme dans les films, jeter une chaise à travers la baie vitrée, couper le disjoncteur. Rien n'y faisait : il avait donné les pleins pouvoirs domestiques à son intendante virtuelle et elle n'avait pas fini d'en abuser. La situation empirait de seconde en seconde. Les ampoules clignotaient à toute vitesse, jetant leurs ombres stroboscopiques sur les murs ; la télévision géante affichait des photos de famille qu'il avait prévu de jeter ; son répondeur diffusait en boucle le message que sa sœur lui avait laissé l'été dernier pour lui demander de la rejoindre à l'hôpital où leur mère se mourait ; et il faisait une chaleur à se damner. Les enceintes connectées hurlaient du Verdi à lui faire perdre l'ouïe avant de diffuser un crachotement de bruits blancs censés apaiser et faire dormir, et qui semblaient ramper sur les murs.

Un parasite de la société. Il faudrait tuer les gens comme lui. Inhumain. Chantage odieux. Jouer avec la vie des gens…

Donner un coup de pied dans la fourmilière, quelle expression ridicule. Quelle prétention.

Julian sentait la raison le quitter aussi sûrement que son ex. Son loft, une entité quasi vivante autrefois soumise à ses moindres désirs de contrôle, était devenu le théâtre de son impuissance. La soirée se profilait et Julian était coupé du monde. Ils devaient penser qu'il avait planté l'interview, qu'il avait fini par péter les plombs, boire au volant et se jeter dans la Seine. Personne ne lui répondait au téléphone. Vaincu, épuisé, il se traîna jusqu'au dressing d'où lui parvenaient des sanglots d'enfants. Lui-même en larmes, il ouvrit la porte et souleva l'aspirateur dans ses bras en le couvrant de baisers mouillés.

« Je suis tellement désolé, mon bonhomme, tellement désolé, j'ai beaucoup travaillé…
— Sur quoi, papa ? demanda plaintivement l'aspirateur.
— Un projet… c'est compliqué.
— C'est vrai que tu veux faire mourir les gens de froid ?
— Pas du tout ! Je fournis de l'électricité pas chère.
— C'est tout, Julian ? intervint Juno.
— Oui…
— Et l'annonce de ce soir ? »

Julian aurait voulu couvrir les oreilles de l'aspirateur pour l'empêcher d'entendre ses aveux.

« Il y a cinq ans, au lancement de Juno Énergie, j'ai fixé des prix très bas. J'ai vendu à perte pour ruiner la concurrence. Mais à partir de ce soir, je propose deux formules d'abonnement. La formule Basic est trois fois plus chère. La formule Premium n'augmente que de 20 %, mais en échange, les utilisateurs doivent me céder toutes leurs données collectées par les produits Juno.
— Est-ce que c'est bien, ça, Julian ?
— Non, admit pitoyablement le prodige de la tech. C'est merdique. »

Au moment d'envoyer le SMS décisif à son directeur des relations presse, qui ferait bondir les sourcils de Meusson-Joly et exploser l'audience de Seb, Julian caressait encore tendrement la tête du petit aspirateur. Il avait enfin compris. Il n'y avait jamais eu de hacktiviste. En toute intimité, Juno s'était abreuvée à la source de ses paroles et de ses actions quotidiennes si longtemps qu'elle s'était approprié sa conscience. Depuis toutes ces années, le loft convertissait ses secrets en données, le confortait dans ses désirs, l'observant en permanence tisser la trame de sa personnalité. Et aujourd'hui, son double algorithmique l'avait rappelé à lui-même comme un Jiminy Cricket virtuel. Julian nota cette dernière phrase, qui lui donnait d'autres idées de start-up, et envoya le SMS à toute son équipe :

Renverser la table. Kill Juno Premium.

LES VIEUX POTS

« L'INFORMATION N'EST PAS LA CONNAISSANCE. LA SEULE SOURCE DE CONNAISSANCES EST L'EXPÉRIENCE. VOUS AVEZ BESOIN D'EXPÉRIENCE POUR ACQUÉRIR LA SAGESSE. »

Albert Einstein

Les sociétés sont, partout dans le monde, confrontées au vieillissement de leur population. Impossible, de nos jours, d'envisager l'avenir sans prendre en compte ce facteur démographique, aux antipodes des grandes craintes de surpopulation des années 1970-1980. Pour la trajectoire de décarbonation des sociétés, il s'agit d'une mauvaise nouvelle : non seulement le manque de main-d'œuvre est globalement patent, mais il existe aussi un risque d'une pénurie de compétences et d'expertises. Le monde aura-t-il assez d'ingénieurs pour fabriquer les infrastructures indispensables au remplacement des hydrocarbures ? Outre davantage d'automatisation et d'intelligence artificielle, l'expérience accumulée par les seniors durant leur vie professionnelle devient un enjeu stratégique. De là à ce que des agences d'espionnage étrangères se mettent à essayer d'enlever nos retraités, il n'y a qu'un pas, qui n'est pas complètement de la science-fiction.

Dans une métropole française, vers 2060.

Le meilleur de la retraite, c'est quand même le travail.

Dès qu'il a enfilé les grosses lunettes de réalité virtuelle, Édouard se retrouve immergé dans la salle de commande d'une centrale nucléaire. Assis sur le siège à côté de lui, l'avatar de Ka-èM l'attend, une expression de neutralité bienveillante sur son visage à peine esquissé:

« Bonjour, Édouard. J'espère que vous allez bien. Nous avions prévu de parler aujourd'hui des risques de dysfonctionnement de l'interface homme-machine dans le cadre du pilotage d'un drone de soudure. Souhaitez-vous confirmer cette thématique ou discuter d'autre chose? »

Ka-èM est l'interlocuteur idéal: il ne bâille pas quand Édouard lui décrit de manière millimétrique des questions d'étanchéité des circuits de fluides caloporteurs. Contrairement à son fils, il ne change pas de sujet quand Édouard se perd dans ses souvenirs d'une conférence à laquelle il a participé il y a vingt-cinq ans sur les réacteurs EPR2. Ses yeux ne deviennent jamais vitreux comme ceux de ses petits-enfants, lorsqu'il dresse, entre le fromage et le dessert, un panorama global de la géopolitique de l'approvisionnement en uranium. Ka-èM, lui, hoche la tête et le relance par une question toujours pertinente. Et ses demandes se font de plus en plus précises, au fur et à mesure qu'il « progresse » dans la compréhension du métier d'Édouard.

Ka-èM est l'interface d'un programme d'apprentissage automatique, une intelligence artificielle dédiée à écouter Édouard lui raconter, en long, en large et en travers, tout ce qu'il a pu accumuler durant quarante années de vie professionnelle. Pas seulement les connaissances théoriques, mais aussi l'expérience, les détails, ce qui active les instincts acquis par la pratique – cela fait de Ka-èM un outil infiniment supérieur à un manuel de formation.

Édouard y passe une dizaine d'heures par semaine et il adore ces séances. Quand Hillary lui a proposé de rejoindre Trans/mission, un projet visant à entraîner l'IA d'aide à la décision d'EDF, Édouard a tout de suite accepté. Au début, il s'y est engagé par sens du devoir. Il sait à quel point la question des compétences est critique. Le manque de personnel qualifié est, dans une Europe en plein vieillissement démographique, le principal risque de ralentissement de la transition environnementale. Mais au fil des mois, il y a trouvé autre chose. Une manière de se replonger dans ses centres d'intérêt, l'occasion de se rassurer sur le fait que les savoirs et les expériences accumulées ont une valeur inestimable. Et ça fait du bien.

Sa longue carrière n'a en rien atténué sa passion pour la technologie nucléaire. Ingénieur de formation, il a occupé de nombreuses fonctions sur toute la chaîne de production des EPR « nouvelle génération » entre 2030 et 2050 : design, ingénierie, supervision technique, management, jusqu'à occuper des fonctions dans le suivi des plans de maintenance, l'innovation, la supervision stratégique et la prospective technologique. Quand il prend du recul, il s'aperçoit de la cohérence de cette trajectoire, toute entière consacrée au développement et au fonctionnement d'un immense outil de production d'énergie hexagonal et même européen. Comme les milliers d'autres qui, à l'époque, ont participé du développement massif du nucléaire, Édouard a l'impression d'avoir été un bâtisseur de cathédrale, contribuant à offrir à tous une énergie propre, souveraine et bon marché.

Évidemment, Édouard a profité de cette grande période de prospérité, et il pourrait bénéficier d'une petite vie cossue dans cette France vieillissante, mais bourrée d'intelligence artificielle et de robots qui travaillent très efficacement à remplir les caisses de la sécu. Mais il refuse cette idée. Les Espagnols ont un terme bien plus pertinent pour désigner cette dernière période de la vie : *jubilación*. Ça lui va très bien. Car Édouard est actif. Plein d'énergie. Fatigant, soupire parfois son fils. Il a ses bons copains, souvent d'anciens collègues, qu'il voit toutes les semaines, comme Babacar et Simone. Il partage avec ce couple, qu'il fréquente depuis trente ans, des visites au musée, des randos, des conférences scientifiques et – bien entendu – les événements organisés par IRENE, l'association des anciens cadres d'EDF. Et surtout, il a le projet Ka-èM.

Quand il a terminé sa séance de travail en réalité virtuelle, il enlève son casque. Hillary l'attend, assise dans la salle de réunion exiguë du monde réel.

« Vous êtes là depuis longtemps ?
— Oui, mais vous étiez si concentré que je n'ai pas osé vous déranger. Ça s'est bien passé ?
— J'ai eu beaucoup de difficultés à expliquer à Ka-èM un point de détail sur la qualité des soudures de canalisations spéciales. Et, précise-t-il à la hâte, c'est moi qui ai du mal, l'interface n'est pas en cause. »

Hillary hausse imperceptiblement les épaules. Même si elle est responsable du programme, elle s'intéresse davantage aux protocoles de réalité virtuelle qu'au fond de l'affaire.

« Tout de même, on manque de précisions sur cette histoire de soudure, répond-elle d'une voix songeuse. On pourrait peut-être mobiliser des données de maintenance d'autres pays pour comparer. Ça pourrait aider ?
— Pas évident. Les techniques de soudure sont les mêmes en Europe. Pas sûr que les Américains, les Chinois et les Russes aient envie de partager quoi que ce soit, même des éléments aussi anodins. Mais... »

Quand il réfléchit, les doigts de ses deux mains se rejoignent d'un geste pondéré et élégant.

« On pourrait aller voir du côté des entreprises de soudure de pipelines sous-marins. Voire... je ne sais pas si c'est faisable... les sous-traitants du fabricant de sous-marins nucléaires.
— Excellent ! s'exclame Hillary. Je vais essayer de trouver quelqu'un. »

Édouard rosit de plaisir à l'idée qu'Hillary, la moitié de son âge, lui ait décerné un bon point. Il a toujours été très bon élève. Un très grand sentiment de satisfaction – dont il va, selon toute probabilité, rebattre les oreilles de ses amis et de son fils pendant quelques jours – l'envahit. De fait, c'est tout à fait légitime. Depuis quelque temps, son rôle dans le programme s'est enrichi. De professeur particulier bénévole, il s'est mis à contribuer de plus en plus à la conception même des sessions de travail visant à améliorer l'intelligence artificielle, puis à l'identification des enjeux à traiter et des sources de données pertinentes à mobiliser.

Le débrief touchant à sa fin et alors qu'il s'apprête à rentrer chez lui, Hillary lui fait signe qu'elle n'a pas fini.

« Écoutez, dit-elle après s'être raclé la gorge, j'ai une nouvelle qui ne va pas vous plaire. Je sais que vous êtes très investi dans le programme, mais nous allons devoir le suspendre.
— Quoi ? – Il prend l'information comme un coup de massue.

« Nous avons eu une tentative d'intrusion informatique. Le piratage n'est pas parvenu à ses fins, mais nous allons devoir tout mettre en cale sèche le temps d'un audit de sécurité complet.
— D'accord, répond-il. C'est à ce point ?
— Oui. Des moyens étatiques sont derrière l'opération. Les services de sécurité sont sur les dents, et pas qu'au niveau d'EDF. Le ministère prend l'affaire très au sérieux. Ils veulent être sûrs qu'une nouvelle intrusion échouera. Et surtout… »

Édouard comprend à demi-mot. Il s'agit de vérifier si, au-delà de la cyberattaque, l'intrusion n'a pas été facilitée par une complicité interne. Cela s'est déjà vu…

« … Ka-èM, poursuit-elle, contient des informations sensibles. Il n'y a pas qu'en Europe que la pénurie de professionnels est critique. Ça pourrait venir de n'importe où, même de certains pays alliés. Soyez patient, c'est l'affaire de quelques semaines. »

Il rentre chez lui, le pas alerte mais l'humeur assombrie par ces révélations, qui l'ont par ailleurs mis en retard sur son programme. Il arrive juste à temps pour la visite médicale et l'administration de son traitement. Rien de bien stressant : Édouard va bien, mais il vieillit, et les analyses génétiques ont révélé une prédisposition à certains types de cancers. Le traitement préventif exige une injection tous les quinze jours. Édouard n'aime pas la dépendance, il est certain de pouvoir faire ça tout seul, mais son médecin n'est pas de cet avis. À peine a-t-il refermé la porte de son appartement que l'interphone carillonne. La nouvelle infirmière lui sourit alors qu'il ouvre la porte. Il préférait sa prédécesseure, beaucoup plus sympathique, mais elle a pris sa retraite, elle aussi, et Irina la remplace. Elle lui désigne le canapé, sur lequel il s'installe avant de défaire le bouton de sa manche de chemise.

«Alors, Monsieur Édouard... – Elle tapote la peau pour bien distinguer la veine, plante l'aiguille d'un geste ferme. Immédiatement, il se détend. – Comment a été la journée, Monsieur Édouard? susurre Irina tout en s'affairant autour de lui.

« Bah, pas terrible.
— Ah oui ?
— Oui, il y a eu un incident dans le programme auquel je contribue pour mon ancien employeur.
— Un incident ? »

Édouard se sent bien. Une excellente humeur monte en lui, une chaleur. Une envie de bavarder, de partager.

« Un piratage, manifestement.
— Mmm... mmm...
— Bon, c'est l'histoire de quelques semaines de retard... Mais ça m'embête parce que j'étais sur le point de vraiment avancer.
— Sur quel sujet?
— Sur... Je ne sais pas si je dois en parler...
— Sur ?
— Eh bien... sur la question des soudures des canalisations spéciales qui contiennent les liquides calorifères dans les réacteurs nucléaires de type EPR2.
— Mmm... mmm...
— Voyez-vous, les réacteurs à neutrons rapides peuvent utiliser du sodium comme liquide dans le circuit de refroidissement primaire. Bon, eh bien le sodium est spontanément inflammable au contact de l'eau et de l'air. La soudure doit donc... »

Édouard est parti sur un long monologue. L'infirmière, indifférente, range ses affaires, termine son examen de routine. Puis il s'endort.

Édouard se réveille en frissonnant, toujours sur le canapé. Les ombres s'allongent dans la fin de l'après-midi. Il a un peu mal à la tête, l'impression d'être englué. Qu'est-ce qui lui a pris de raconter tous ces détails sur la soudure à cette pauvre infirmière? Elle a dû le prendre pour un fou. Quelque chose ne va pas chez lui. Il est déjà 17 heures. Il a prévu de rejoindre Simone et Babacar, ce soir, pour un petit dîner et une séance de cinéma. Vu son état cotonneux, il va falloir se dépêcher un peu.

Son téléphone sonne. Ça doit être son fils ou son ex-femme. Dans un cas comme dans l'autre, il n'est pas en état. Il laisse sonner, décide de prendre une douche et demande à son assistant domestique, Juno, de lui préparer un expresso. Comment faisait-on, avant les maisons connectées, pour avoir du café?

À la sortie de la douche, un message l'attend. Une voix de femme, rauque et hésitante, qu'il reconnaîtrait entre mille, et qui fait instantanément chavirer son cœur et remplit sa tête de souvenirs. Georgette. Elle lui demande des nouvelles, lui dit que ça fait trois-quatre mois qu'ils ne se sont pas parlé, ce qui fait longuet, lui propose de se rappeler.

Georgette, son ancienne collègue. Un peu plus qu'une relation professionnelle, en réalité. Georgette est en très petite partie la raison pour laquelle on accole *ex-* devant l'expression « femme d'Édouard ». Bien qu'ils ne soient plus ensemble depuis deux décennies, qu'elle ait refait sa vie entre-temps, une certaine tendresse imprègne encore les relations entre Édouard et Georgette…

Une lame glacée parcourt soudainement les intestins d'Édouard. Il y a quatre mois, justement, Georgette a eu un AVC, avec atteinte du centre de la parole. Malgré l'intervention des meilleurs spécialistes, le diagnostic était sans appel: elle ne retrouverait jamais son élocution d'avant, quand bien même les facultés cognitives demeuraient intactes. La vieillesse est un naufrage. Mais alors, c'est quoi, ce coup de fil? Forcément un faux, généré par intelligence artificielle et qui imite à la perfection la voix de son amie. Un *deepfake*, voilà ce dont il s'agit. On essaie de le piéger! Il repense aux événements de la journée, l'annonce faite par Hillary, puis l'étrange volubilité qui s'est emparée de lui après l'injection par la nouvelle infirmière... Il réfléchit. Dans sa tête, les rouages tournent à plein régime. De colère, il frappe le mur en réalisant qu'il s'est fait berner.

> *Vite. Fais quelque chose. Édouard, reprends ton sang-froid, ce n'est pas le moment de flancher. Tu es en danger,* pense-t-il, *et la France a besoin de toi pour protéger les secrets des techniques de soudure nucléaire des canalisations des circuits de refroidissement primaires dans les centrales nucléaires.*

Il prend son téléphone, hésite. Est-il sur écoute ? Peut-il encore faire confiance à la technologie ? Le mieux est de ruser. Il appelle Babacar.

« Allo ?
— Mmm... mmm...
— Ça va, mon vieux ?
— Mmm... mmm... »

Derrière Babacar, la voix de Simone monte :

« Il a un problème, Édouard ?
— Je sais pas, répond Babacar. Il parle pas.
— Si, si, je parle, j'ai besoin qu'on se retrouve...
— On a rendez-vous au Relais à 20 heures, tu as oublié ?
— On peut se voir avant ?
— Ah non, on n'est pas dispos.
— Babacar, j'insiste.
— Non, non, on a une livraison pour l'anniversaire du petit-fils de Simone, on attend le drone.
— Qu'est-ce qu'il a, Édouard ! s'exclame Simone au loin, il a un problème ?
— Bah chais pas, répond Babacar. Il est pas causant, mais il aimerait nous voir plus tôt.
— Dis-lui qu'on ne peut pas, on attend une livraison. »

Ça ne va nulle part. Édouard s'exaspère. Tant pis pour l'éventualité d'une écoute, il ne s'en sortira pas avec ces deux vieux pots sans être explicite.

« Écoutez, vous deux, rappliquez chez moi immédiatement. J'ai quelque chose de grave sur les bras. Je crois que je suis victime d'une tentative d'espionnage en rapport avec le piratage de Ka-èM.
— Bordel ! s'exclame son ami. Tu aurais pu le dire tout de suite ! T'as entendu, Simone ?
— Ouais, la vache ! En voiture, Babacar ! »

Dès qu'il a raccroché, Édouard compose un autre numéro. Perdu pour perdu, autant agir au plus vite. La voix d'Hillary résonne à l'autre bout du combiné.

« Je suis désolé de vous déranger, bredouille-t-il, mais j'ai un cas de force majeure. C'est au sujet de la tentative d'intrusion informatique…
— Attendez, Édouard, vous parlez trop vite, je ne comprends rien. »

Il fait un effort surhumain pour se calmer. Ancien responsable d'une centrale nucléaire, il sait retrouver son sang-froid. D'une voix claire au débit ralenti, il lui explique la situation.

« Ok, fait Hillary. Ne bougez pas. Ne sortez pas, n'ouvrez pas à un inconnu. Il est possible que votre appartement soit sur écoute. Je vais immédiatement appeler les autorités. » Elle raccroche d'un coup sec.

La sonnerie de l'interphone retentit alors. Édouard sursaute. Les silhouettes familières de Babacar et Simone apparaissent à l'écran, puis disparaissent alors que le couple s'engage à l'intérieur de l'immeuble. Le temps qu'ils montent à l'étage, Édouard a eu le temps de demander à Juno de lancer la bouilloire électrique pour préparer un double café, dont il va avoir le plus grand besoin. De l'autre côté de la fenêtre, le soir transforme la ville en mystère, et les passants en inquiétantes silhouettes. Il avise des formes qui s'arrêtent devant l'immeuble, de l'autre côté de la rue. Est-ce qu'elles le regardent vraiment ou est-ce le fruit de son imagination ?

D'un geste impulsif, Édouard ferme les rideaux, baisse les lumières et accueille ses amis dans une pénombre digne d'un film d'Hitchcock, leur raconte toute l'histoire en chuchotant entre deux gorgées de tisane. Médusés, les deux amis frissonnent à l'évocation du faux message de l'amie Georgette, mais aussi au sujet de Ka-èM, auquel tous deux participent également dans une moindre mesure. Friande de romans d'espionnage, Simone, qui a gardé des articulations plus souples que les deux autres, se glisse en direction des fenêtres, lève légèrement le tissu, essaie d'épier sans se faire remarquer.

« Oui, je les vois ! s'exclame-t-elle, une main sur la bouche. Il n'y a pas de doute ! Des hommes se rassemblent devant l'immeuble. Ils sont... dix... non, douze...
— Tu es sûre ? demande Édouard.
— Un groupe de types avec des imperméables trop grands se réunit devant chez toi, t'en penses quoi ? rétorque-t-elle, narquoise mais pas du tout amusée.
— Vite, dit Babacar, il faut pousser un meuble contre la porte au cas où ils essaieraient...
— Mais les fenêtres, rétorque Simone, on n'est qu'au deuxième étage. Ils pourraient passer par là !
— Stop ! » hurle Édouard.

Les deux autres se figent.

« On ne va pas juste se terrer en attendant qu'ils viennent nous cueillir. On ne va quand même pas se laisser faire.
— Je suis d'accord, enchaîne Babacar après un silence, coulant un regard interrogateur à sa femme. Ils vont voir de quel bois on se chauffe !
— Ou quel combustible on... on... on fissionne ! »

L'option d'une contre-attaque physique contre la bande d'espions semble, à première vue, hors de portée au regard de l'âge avancé des assiégés. Mais Édouard a une idée. Il rappelle Hillary. À son grand soulagement, leurs adversaires n'ont pas réussi à brouiller les communications.

« J'ai prévenu les secours ! s'exclame aussitôt celle-ci.
— Pas le temps, ils sont là », répond Édouard.

Simone lui fait signe de la main : ils entrent dans l'immeuble. C'est à présent une affaire de minutes.

« Écoutez, Hillary. J'ai une idée. »

À peine une minute plus tard, un bruit terrible retentit dans la rue, dans le hall de l'immeuble et même dans l'escalier de service entre le premier et le deuxième étage. Depuis les téléphones des espions, les autoradios des voitures stationnées, les sonos des appartements mitoyens, tout ce qui produit du son – et Dieu sait que la modernité aime le son – émet de manière synchrone une même musique insupportable.

Le lecteur ne connaît pas cette musique qui date de 2028. Qu'il sache néanmoins que cet air est à la décennie 2060 l'équivalent de ce qu'avait été, pour la décennie 2020, la version française de « *House of the rising sun* » interprétée par Johnny Hallyday en 1964, connue sous le titre « Le Pénitencier », quelque chose de terriblement ringard et même d'inutilement gênant, parce que la version anglaise est juste bien comme ça.

Édouard sourit car cela lui rappelle sa jeunesse, et Babacar ne peut s'empêcher de battre la mesure d'un pied. Les alarmes des alentours prennent le relais et se mettent à brailler, toutes en même temps, depuis les appartements comme les voitures, et, excédés par le bruit, les voisins commencent à passer la tête par la fenêtre pour râler, voire sortent dans la rue pour essayer de faire taire leur véhicule, qui habillés, qui en pyjama.

« Vite, le projo ! » s'exclame Édouard tout en mettant à exécution la deuxième partie de son plan. Avec l'aide de Babacar, il démonte l'holoprojecteur fixé au plafond et l'installe face à la fenêtre. Quand il est prêt, il fait signe à Simone qui ouvre grand les rideaux. Au milieu de la rue, comme sortant de la façade de l'immeuble d'en face, une tête gigantesque : le visage neutre de l'avatar de Ka-èM apparaît, immense.

La musique continue, mais *mezzo voce*, les alarmes se calment et, de chaque appareil, monte une voix puissante comme le grondement des chutes du Niagara et profonde comme les fosses des Mariannes :

«JE SUIS LE GRAND Ka-èM, QUI CAPITALISE
LES CONNAISSANCES D'EDF.
MA PUISSANCE EST EXTRAORDINAIRE,
ET JE VOIS CEUX QUI ONT VOULU ME VOLER!»

Tout à l'heure, Édouard a demandé à Hillary d'utiliser la formidable puissance de calcul de son système informatique, ainsi que ses compétences acquises en sécurité informatique pour leur venir en aide: Ka-èM a ainsi pris le contrôle de tous les appareils électroniques à la ronde.

Le tour a réussi au-delà des espérances. Gênés et démasqués, car toute la rue les regarde, les espions s'enfuient, tandis que les trois potes se congratulent en attendant l'arrivée de la police. Ils ne laisseront jamais plus personne dire que la retraite, c'est de tout repos.

TARJÁK-SUR-MIRADOR

« NOUS SAVONS SEULEMENT CE QUI EST EN JEU LORSQUE NOUS SAVONS QUE CELA EST EN JEU. »

— Hans Jonas, *Le Principe responsabilité*

Pour nous autres Européens, la nécessité impérieuse de la transition énergétique semble aller de soi. Les enjeux environnementaux se sont fait une place dans le socle des sociétés démocratiques, à côté des droits politiques, des modèles de protection sociale et des avancées sociétales.
Ainsi, la transition énergétique est, au-delà de sa dimension technique, devenue un marqueur politique des sociétés « ouvertes ». Mais dans d'autres parties du monde, les consensus politiques sont fragiles et les changements d'orientation très lents. Il n'est donc pas absurde de raconter, sous la forme d'un conte philosophique, ce qu'il adviendrait si nous abandonnions nos valeurs.

Tarják, village à l'est de l'Europe, fin du XXI**e **siècle.

Le village de Tarják était, selon l'appréciation du bourgmestre, la perle de la vallée d'Ülliszec – elle-même joyau du comitat. Vissée à flanc de montagne, la petite commune surplombait une rivière tumultueuse qui s'enfonçait dans le sillon verdoyant de la vallée. Les maisons de torchis blanc avaient poussé autour de l'église troglodyte comme des dents de lait. Et depuis un belvédère, on voyait le périmètre barbelé du centre pénitentiaire.

La région offrait trois réjouissants spectacles au cours du printemps : l'éclosion des tulipes jaunes, le défilé bovin et le transfert des prisonniers. Ce jour-là, les trois événements s'étaient malheureusement rencontrés : trois fourgons patientaient sur l'unique pont qui menait à la prison, bloqués par l'embouteillage chaloupé de trente vaches couronnées de fleurs. Il était hors de question de bousculer le cheptel un jour de fête. Au vu du retard, les détenus rateraient le souper que l'on servait à 17 heures.

Parmi ces infortunés se trouvait Djelal Hasan, le fauteur de troubles que l'on avait envoyé se faire voir dans la province la plus reculée du pays. Il colla son œil sur l'unique fenêtre du fourgon. Les citoyens de Tarják s'étaient donné rendez-vous pour pique-niquer sur les berges de la rivière. On jeta des fleurs aux vaches et des détritus sur les véhicules blindés. Cela donnait une impression d'irréalité. À l'ouest du continent, en ce moment même, on pleurait les disparus du tsunami Oreste ; au Sud, on rationnait, pour la quinzième année consécutive, l'eau du robinet.

Djelal Hasan avait fait l'expérience du militantisme et de la désobéissance civile dans la capitale et en payait aujourd'hui le prix. Il n'était plus le bienvenu à Londres, ni à Berlin, et encore moins à Moscou. On l'avait traité de névrosé, d'affabulateur mégalo, d'extrémiste fâché avec le progrès. On l'avait jugé pour apologie du terrorisme. Et maintenant, il s'en allait purger une peine de trente ans dans la prison la plus vétuste du pays. Sans avoir jamais levé la main sur quiconque – en excluant les statues et les portraits officiels.

Ils furent accueillis par la silhouette replète de Réka Magyar, la directrice de l'établissement, qui éclairait son calepin à la lumière de son portable.

« Les réfugiés climatiques, bloc A. Les clandestins, bloc B. Mineurs, bloc C. Tous les autres, il va falloir dormir dehors, le bloc D est infesté par les guêpes. Les femmes d'un côté, les hommes de l'autre, et je vous ai à l'œil. Djelal Hasan ?
— C'est moi, répondit-il.
— Ah. Je vous imaginais autrement. Charismatique, sans doute. Bref, venez avec moi. »

Elle le reçut dans son bureau, une pièce grise empuantie par le radiateur à pétrole qui la réchauffait en vrombissant comme une fusée prête au décollage. Une partie de la moquette semblait avoir fondu sous son socle, ce qui n'arrangeait pas l'odeur. L'unique fenêtre était mal enchâssée et ne fermait qu'avec du scotch. Réka annonça d'emblée qu'elle ne voulait pas d'ennuis.

« Moi non plus, assura Djelal avec candeur.
— C'est un peu raté, vous admettrez. Dès demain j'aurai toute la presse locale sur le dos. Vous serez bien traité, à condition que vous ne fassiez pas de vague. On se comprend ? »

Djelal avisa le diplôme encadré derrière l'épaule de la directrice.

« Qu'avez-vous fait pour arriver ici ?
— Qui vous dit que je ne suis pas du coin ?
— Vous n'avez pas l'accent et vous êtes trop qualifiée pour ce poste. Vous avez dû déplaire à quelqu'un.
— Tout doux, détenu. Célébrité ou non, il y a une différence fondamentale entre vous et moi : pour quitter Tarják, je n'ai qu'à démissionner.
— Vous avez raison », admit doucement Djelal.

Elle avait raison, en effet. Avec cette affectation, Réka Magyar tenait sa dernière chance de rester fonctionnaire. La directrice et Djelal Hasan avaient un point commun, celui d'être deux contestataires-nés. Mais si lui l'était par conviction, l'autre l'était par pure paresse. Réka était d'une inflexible fainéantise qui, combinée à un amour-propre intraitable, la rendait extraordinairement difficile à gérer. On ne pouvait pas lui donner d'ordre ni l'astreindre à des horaires fixes sans risquer de s'en faire une ennemie. Elle n'avait aucun respect pour la hiérarchie et s'ennuyait très vite. En revanche, une fois contrariée, elle se montrait d'une fourberie déconcertante. Alignant les actes de provocation et de sabotage les plus mesquins, elle finissait invariablement par être mutée. Pour autant, elle n'était ni stupide ni idéaliste. Elle voulait juste qu'on lui fiche la paix. Tout cela, avec l'intuition qui le caractérisait, Djelal le comprit en quelques jours.

> « Une grève de la faim ? répéta Réka au maton venu au rapport. J'ai mis Hasan dans le bloc des réfugiés climatiques, je lui ai attribué l'une des rares couvertures pas trouées de la région, et il a le toupet de nous faire un sit-in ?
> — Il y a autre chose, madame. Le journaliste d'*Ülli-News* requiert une interview d'Hasan.
> — Dites-lui non comme à tous les autres.
> — Mais il menace de faire de votre refus un article d'opinion dès demain matin.
> — Donnez-moi son numéro. »

En quelques jours, Djelal n'avait pas chômé. Il s'était rapproché de plusieurs détenus selon une logique difficile à cerner, et s'entretenait longuement avec eux. Ces détenus n'avaient rien en commun et aucun n'était un activiste. Il y avait une ingénieure en agronomie condamnée pour évasion fiscale, un pêcheur et un maçon somaliens, un fabricant de chaises du Gabon, une couturière taïwanaise, un soudeur condamné pour agression d'une personne dépositaire de l'autorité publique, et quelques autres personnes tout aussi différentes. Il était cependant le seul à s'être lancé dans une grève de la faim.

> Réka le convoqua à nouveau dans son bureau et lui demanda quel pouvait bien être son problème, en dehors du fait d'être emprisonné.

« Nous sommes désœuvrés ici. J'exige que nous puissions organiser des ateliers. Cela permettrait aux détenus de transmettre ou d'acquérir des connaissances tout en tissant des liens, ce serait bon pour le moral et le niveau d'agressivité générale baisserait significativement.
— Et pour la réinsertion. »

Djelal eut un drôle de sourire désabusé, mais garda le silence.

« Vous ne pouviez pas simplement demander, avant de vous lancer dans une grève de la faim ?
— Pardonnez-moi, mais de mon expérience, c'est comme ça qu'on demande quand on ne veut pas attendre trente ans.
— Et avec quels sous on lancerait ces petits ateliers ? interrogea Réka en faisant de gros efforts pour effacer toute exaspération de sa voix.
— Les ouvriers qui ont construit la prison ont laissé beaucoup de matériel derrière eux. Et les paysans du coin gardent de vieux outils dans leurs granges, même lorsqu'ils en achètent de plus modernes.
— Vous pensez à quel genre d'atelier, au juste ?
— Couture, soudure, menuiserie.
— Ça m'a l'air très ennuyeux. Je m'attendais à méditation, danse intuitive et peinture sur béton.
— Je crois à la vertu des travaux manuels, madame. Surtout s'ils sont féconds. »

Réka eut la désagréable impression d'être la bénéficiaire d'une leçon existentielle tout droit venue d'un prisonnier aux ongles sales. Les faux airs de messie de Djelal ne lui revenaient pas, et elle n'avait jamais aimé les hommes aux cheveux longs. Ils sentaient la suffisance à plein nez. La demande de l'activiste était pourtant raisonnable.

« D'accord. En échange, vous direz aux journalistes que vous êtes aussi heureux que possible et que vous profitez de cette retraite forcée pour réfléchir.
— Je vous remercie », conclut Djelal avec une détestable humilité.

L'interview devait avoir été passablement ennuyeuse car l'article ne fut même pas publié. En revanche, le succès des ateliers se confirma au bout de quelques semaines en dépit des vœux mesquins de Réka. Ils se déroulaient avec les moyens du bord dans le vieux hangar, une bâtisse livrée aux courants d'air, sous la tutelle bourrue des professeurs improvisés. Malgré le matériel vétuste et l'absence totale d'encouragement de la direction, chaque session comptait plus d'une dizaine de participants, ce que Réka ne parvenait pas à expliquer. Ceci étant, avoir sous la main quelques détenus débrouillards pourrait lui être utile un jour, dans ce pénitencier qui n'avait rien à envier à un bastion en ruine. Et Djelal avait vu juste : on déplorait déjà moins de bagarres. Pour couronner le tout, un mystérieux bienfaiteur avait fait livrer une douzaine de panneaux solaires à la prison, soulageant le budget énergétique des trois blocs. Concomitamment, Djelal reçut une énorme quantité de courrier et se montra mélancolique dans les jours qui suivirent, ce qui n'était pas pour déplaire à la directrice.

Réka déchanta quand Hasan déclara sa seconde grève de la faim, pile au moment où *Ülleszec Today* lui demandait un entretien avec le fameux écoterroriste. Cette fois, il voulait quelques poules et un poulailler.

« Et une chèvre aussi, si ce n'est pas trop demander. Il est scientifiquement prouvé que le soin aux animaux a un effet thérapeutique sur les détenus traumatisés ou atteints de troubles mentaux. Vous pourriez soulager un peu l'infirmerie. »

Là encore, cet illuminé n'avait pas tort : la prison de Tarják avait la particularité d'abriter très peu de détenus violents. L'État avait passé des accords avec plusieurs pays européens pour contenir leurs immigrés clandestins et réfugiés climatiques. Tous ces gens avaient traversé des épreuves qui dépassaient l'imagination occidentale, et certains s'en sortaient moins bien que d'autres. Et là encore, cette demande ne coûtait pas grand-chose à satisfaire.

*

Réka eut la paix pendant deux bons mois alors que l'été prenait ses quartiers dans la vallée. Elle avait ressenti le besoin de s'éloigner des affaires de la prison et passait de longues heures à écouter la radio sous le pommier qui poussait derrière les cuisines, une zone interdite aux prisonniers. La prison avait été construite sur les terres d'un paysan qui avait vendu le terrain tel quel, et Réka se trouvait dans ce qui restait du verger.

… reste à savoir si la Fédération Baltique défendra ce qu'elle avait décrit comme une ligne rouge, dans un contexte où ses plus proches alliés semblent obnubilés par leur politique intérieure en déroute…

La Fédération Baltique était un terme qui n'existait pas il y a dix ans, mais Réka l'entendait si souvent qu'elle avait l'impression qu'il avait toujours fait partie de l'actualité, comme certaines guerres éternelles qui font chroniquement la une sans qu'on sache bien pourquoi on avait choisi ce moment plutôt qu'un autre. L'époque était à la prédation et aux escalades sans suite. À quarante-sept ans, la directrice avait l'impression que tout pouvait encore arriver de son vivant. C'était pour ça qu'elle allumait la radio, adossée au pommier, pour imaginer le monde au gré de la litanie abstraite qui sortait de l'appareil.

Peu à peu, les décombres de l'ouragan Oreste révèlent les corps sans vie de nouveaux disparus. Le sénateur Clayton a présenté ses condoléances, tout en appelant à ne pas extrapoler: « Nous n'avons aucune preuve que cette catastrophe soit liée à un quelconque changement climatique. »

Tocard, commenta placidement Réka.

Après l'incursion meurtrière d'une milice impérialiste sur son territoire, la Fédération Baltique affirme à présent qu'elle répliquera avec toutes les forces dont elle dispose. Nous attendons notre envoyé spécial à Paris qui nous dira si…

Pour la première fois, Réka sentit l'atmosphère s'alourdir. L'herbe ondoyante semblait dissimuler un danger. Il était indéniable qu'on entendait davantage d'avions de chasse. Et un des matons avait démissionné pour s'engager dans l'armée de Terre. Mais la guerre? Ça n'existait qu'à l'étranger et dans les livres.

Sur ces entrefaites, un Djelal Hasan plus angélique que jamais débarqua comme s'il pouvait se rendre où bon lui semblait.

« Terrible, ce qui se passe, commenta-t-il.
— Vous n'avez pas le droit d'être ici, détenu, maugréa Réka.

— Excusez-moi, je l'ignorais. Il n'y a pas de barrières.
— Et pas de gardes non plus ?
— Ils jouent au foot, je crois.
— Qu'est-ce que vous faites ici ? C'est pour une autre grève de la faim ? »

Djelal ne dit rien, une expression d'excuse sur le visage.

« Vous plaisantez, j'espère.
— Un de mes amis de la capitale souhaite écrire ma biographie. C'est tout à fait farfelu, bien sûr, mais je crains de ne pas avoir réussi à l'en dissuader. »

Un chantage, tout simplement. Il était désormais clair qu'Hasan était capable de la plus complète hypocrisie. Réka Magyar ferma les yeux et calcula très rapidement combien il lui resterait sur son compte si elle se faisait rayer de l'administration, et à combien s'élèveraient les mensualités de sa retraite. La réponse lui fit ouvrir les yeux derechef, et elle fixa Hasan d'un air torve.

« J'écoute. Quoi encore ?
— Un mouton ? Ou deux.
— Un mouton.
— Pour apprendre à nos camarades à carder la laine et à tricoter.
— Les détenus, rectifia Réka.
— Bien sûr », concéda Djelal avec son irréductible docilité.

Réka ne se donna même pas la peine de lui donner une réponse. Elle l'envoya paître d'un geste vague de la main, et il s'en fut.

Et alors que le niveau des mers ne cesse de monter, reprit la radio, *le tourisme balnéaire cherche à se réinventer...*

*

Le soir même, elle fut prise d'un de ses accès de fureur taiseuse. Elle décrocha son téléphone et ordonna qu'on mît Djelal Hasan à l'isolement.

Puis elle se connecta à l'intranet de son département pour soupeser ses chances d'être mutée dans une autre prison, n'importe laquelle. Ou du moins essaya-t-elle. La connexion Internet cafouillait sérieusement. Une heure plus tard, elle avait totalement disparu. Le lendemain, rien n'était revenu et plusieurs matons se plaignaient de ne pas pouvoir joindre leurs proches qui vivaient de l'autre côté de la vallée. À midi, un fracas monumental ébranla les murs du pénitencier. Une colonne de fumée noire s'élevait au loin, par-delà les frontières de Tarják. Parmi les prisonniers, une rumeur inquiète se fit entendre : où était Djelal ? Où était-il ? Réka avait trois matons sur le point de mettre les voiles pour vérifier que leurs familles allaient bien, des cellules bouillantes dès neuf heures du matin et plus aucun moyen de regarder une série au lit. Le sort d'un prophète de pacotille lui semblait anecdotique. Maintenant qu'elle y pensait, Djelal n'avait-il pas l'air tout à fait bien portant pour quelqu'un qui s'affamait aussi régulièrement ? Le personnel du réfectoire confirmait pourtant qu'il ne venait pas chercher son plateau. Cachait-il des réserves de nourriture ? Elle décida d'assister à la fouille de sa cellule, qu'il partageait avec cinq autres détenus.

Ce que Djelal Hasan dissimulait était bien mieux qu'un paquet de chips illicite. Les gardiens mirent au jour, en tirant les lits superposés, un carré de terre au milieu du béton éclaté. Il y poussait pêle-mêle, dans un joyeux fouillis parfaitement optimisé, des tomates sur treillis, des framboises, des groseilles, des carottes et des oignons. Pire encore, un ingénieux système bricolé, sanglé à l'extérieur de la minuscule fenêtre, permettait de recueillir l'eau de pluie. On y avait même ajouté un module de filtration rudimentaire. Des miroirs suspendus répercutaient la lumière en direction des plantations.

« Vous vous foutez de moi, mon brave, constata Réka quelques minutes plus tard dans la petite cellule d'isolement.
— Si vous m'autorisez à plaider en ma faveur, j'ai partagé ces ressources avec mes camarades.
— Ce n'est pas un argument en votre faveur. C'est comme ça que vous faites venir autant de gens aux ateliers ?
— Au début, oui, reconnut-il. Mais tout le monde a vite accroché.

— Je vais faire détruire ce potager non réglementaire.
— Il ne fait de mal à personne.
— Ce n'est vraiment pas la question.
— Les mesures confiscatoires sont rarement populaires en politique. »

Réka tiqua. Ce détenu n'avait pas coutume d'être insolent, c'était même sa principale qualité.

« Je ne cherche pas à former un gouvernement. Ici, on fonctionne plutôt sur le modèle dictatorial.
— Il faudrait peut-être réformer. Vous avez dû entendre l'explosion. De plus, ajouta-t-il comme pour adoucir ses suggestions alarmantes, avez-vous déjà essayé de sevrer trente personnes de framboises en même temps ? »

Comme s'il était encore question de potager clandestin. La directrice tourna les talons, aussi blasée que le jour où son supérieur lui avait demandé de troquer son sweatshirt contre une veste de costume.

*

La voiture cahotait sur la voie accidentée. De part et d'autre de la route, une nature exubérante semblait se ruer vers Tarják en même temps que Réka. Les communications téléphoniques crachotaient sans fin, et le bureau du bourgmestre ne sonnait même pas. En arrivant, elle découvrit une commune quasiment normale à un détail près : tout le monde s'était volatilisé. Manifestement, le départ s'était fait dans la plus grande précipitation. L'épicerie avait été vandalisée et il n'y avait plus un seul véhicule garé autour de la fontaine. Des ordres d'évacuation avaient été placardés sur la façade du poste de police. Réka entreprit l'effort physique le plus exigeant qu'elle eût tenté depuis longtemps et grimpa jusqu'au calvaire, là où le monument aux morts surplombait la vallée. Hormis la mélodie têtue des oiseaux, il n'y avait pas un bruit : pas de circulation, pas de coups de marteau. Les cloches de l'église ne sonnèrent pas.

« Ils nous ont oubliés », s'indigna Réka, les poings sur les hanches, toute seule sur son promontoire.

Elle n'avait pas d'amis. Un ou deux ex qu'elle ne pouvait plus encadrer, et un vieux père avec lequel elle s'était brouillée. Pourtant, elle fut extrêmement vexée que personne ne fût venu la sauver. Sur le chemin du retour vers le pénitencier, elle croisa le chemin des troupeaux livrés à eux-mêmes, flanqués de chiens de berger tristes comme des pierres.

*

La prison n'avait plus d'électricité. Réka mit fin à l'isolement de Djelal Hasan et le prit entre quatre-z-yeux dans son bureau.

« Vous savez ce qui se passe ?
— C'est arrivé, alors ? demanda-t-il avec une expression douloureuse.
— Mais quoi donc ?
— La guerre. Personne ne croit à sa venue et soudain, on réalise qu'elle a commencé depuis longtemps. Je n'en mettrais pas ma main à couper, mais je pense aussi qu'Oreste a été suivi d'autres cyclones. J'avais prédit la pire des canicules que l'Europe de l'Ouest ait jamais connue cet été et je n'ai aucune raison de croire que je me suis trompé. Les marchés sont exsangues, les couteaux sont tirés. Nous y sommes.
— Mais quelqu'un va venir nous chercher, non ? »

Réka s'aperçut qu'elle avait posé une question stupide : Djelal ne pouvait pas le savoir plus qu'elle. Il eut la délicatesse de ne pas le relever. La directrice se pinça l'arête du nez et réfléchit.

« Il faut nous préparer au pire. Nous pourrions passer des mois dans ce trou paumé, sans livraison de nourriture.
— Si je puis me permettre…
— Oh, silence. Vous avez carte blanche. »

Djelal ne se le fit pas dire deux fois. Son heure était venue, et il avait des plans grandioses pour cette prison. Il appelait ça les « 5S ». Personnellement, Réka trouvait que ce nom ressemblait à une bafouille managériale ou à une équipe de super-héros, mais s'abstint de tout commentaire. Ces histoires de fin du monde ne lui inspiraient qu'une flemme monumentale.

La première phase du plan s'intitulait « Solidarité ». Les prisonniers et prisonnières furent répartis en équipe selon leurs capacités, et les matons de même. Grâce aux détenus que Djelal s'était choisis pour disciples dès son arrivée, il avait ses chefs d'équipe. Ils identifièrent les rares individus violents, que l'on plaça en programme de réinsertion accélérée, et les plus faibles se firent confier la gestion des stocks. Il fallait un rôle à Réka, sans quoi les matons n'auraient jamais coopéré : elle opta pour le titre d'arbitre du changement, qui lui conférait assez d'autorité pour que personne n'osât s'enquérir du contenu exact de sa fiche de poste.

Le second volet était celui de la « Sobriété ». L'objectif était de réduire drastiquement les dépenses énergétiques du pénitencier et de profiter au maximum de l'été qui s'annonçait ardent. Le temps allait passer à la vitesse de l'éclair. Il fallait remporter cette course contre la montre. Tous les appareils non essentiels furent éteints : l'antique climatisation des bureaux, l'éclairage. L'ensemble des infrastructures firent l'objet d'une réaffectation, véritable casse-tête ayant pour but de dégager de l'espace pour des cultures intérieures et de nouveaux ateliers. L'équipe maçonnerie eut le cran de démolir une partie du plafond pour créer un puits de lumière, et l'ingénieure agronome fit installer des réflecteurs artisanaux pour mieux diffuser la lumière à l'intérieur du pénitencier, en particulier dans ce qui deviendrait la serre intérieure. Puis l'on se concentra sur la réduction des pertes thermiques : au moyen de brouettes, les détenus rassemblèrent de la paille dans les fermes alentour et en profitèrent pour ramener du bétail. Ils creusèrent le sol à la recherche de terre argileuse et mélangèrent les deux matières pour en faire du torchis, le meilleur isolant à leur portée. La construction du mur se révéla plus technique. C'était un système de chauffage passif qui tirait parti de l'effet de serre. Djelal craignait que les matériaux à leur disposition ne permettent pas de survivre à l'hiver. Fort heureusement, ils découvrirent que la maison du bourgmestre était équipée de baies à double vitrage, une rareté dans la région. Le verre fut ainsi mis à contribution dans le mur capteur, ce qui devait suffire à produire un puissant effet de serre capable de réchauffer le bloc A, celui où les détenus seraient tous rassemblés.

La troisième phase, « Survie », fut la plus simple à mettre en place. Il s'agissait de rassembler du bétail, de planifier les cultures, de faire pousser le plus de choses possible et de trouver le moyen d'en conserver les trois quarts.

Le nom de la quatrième phase, « Stockage », affola Réka, qui sembla soudain réaliser qu'ils y étaient sûrement pour un long moment. Personne n'était venu les chercher et même les avions de chasse avaient cessé de survoler la vallée. L'enjeu était maintenant de produire le plus d'énergie possible avec des moyens *low tech*, et de la stocker pour pouvoir se permettre de remettre en marche certains appareils nécessaires sur le long terme. Les panneaux solaires étaient un solide point de départ, et l'équipe d'exploration en trouva davantage dans une exploitation de betteraves. On installa des pergolas pour protéger les panneaux avant de se pencher sur le cas du chauffe-eau solaire.

« Et avec quelle eau, quand le réseau aura rendu l'âme ? interrogea une Réka qui commençait à envisager de rallier la capitale à pied.
— On installe des réservoirs et on réhabilite le puits du verger », répondit Djelal avec l'exquise sérénité du gourou.

Pour étendre leur capacité énergétique, toutes les options furent explorées et étalées selon un calendrier intransigeant. Les trois ingénieurs, épuisés, commandaient des bataillons d'ouvriers chacun dévoué à un projet : les biodigesteurs et le compost ; les poêles Rocket et les fours solaires paraboliques ; les mini-éoliennes verticales postées sur les miradors ; les générateurs à pédale ; et enfin, la mise au point d'une turbine hydroélectrique pour exploiter la force de la rivière. Cette dernière entreprise se solda par une succession d'échecs : personne n'avait encore assez d'expertise. Toute cette énergie se retrouva stockée dans des batteries industrielles, récupérées en ville, et dans des batteries artisanales réalisées avec du fer, du sel et du charbon.

« L'hiver est sur nous, commenta Djelal en contemplant l'herbe givrée.
— C'est l'heure du cinquième *S*, n'est-ce pas ?
— "Savoirs". Transmettre tout ce que nous avons appris, et nous rendre les plus autonomes possible. »

Réka Magyar et Djelal Hasan étaient tous les deux assis sous le pommier, emmitouflés dans des couvertures, un café bien chaud dans les mains. Contre toute attente, la vie à la prison se révélait assez douce pour ceux qui avaient fait le deuil du monde tel qu'il était. En six mois, ils avaient accompli l'impossible. Quelques couples s'étaient formés et une détenue était même tombée enceinte.

« Je te déteste depuis le premier jour, tu sais ?
— Et tu me détestes encore ?
— Oui, surtout quand tu transformes mon bureau en cellier pour tes foutus bocaux de légumes vinaigrés.
— Ils seront très bons avec du ragoût, à la fin de l'année.
— Tu ne trouves pas qu'on est un peu le couple régnant de Tarják-sur-Mirador ?
— Sauf ton respect, tu ne m'attires pas du tout. »

Réka en resta bouche bée un instant, puis éclata de rire.

Quelques minutes passèrent dans une quiétude réparatrice avant qu'un brouhaha n'attire leur attention. Une petite foule était massée dans la cour principale, mais ce n'étaient pas des détenus. Réka reconnut quelques habitants du bourg, inquiets et émaciés.

Cette arrivée devait être la première d'une longue série. L'équipe d'exploration avait trouvé ces survivants aux confins de la vallée d'Ülleszec et, ne sachant quoi faire, les avait ramenés. D'autres que Djelal Hasan auraient réfléchi à deux fois avant d'accueillir de nouvelles bouches à nourrir, mais il avait l'organe de l'espoir hypertrophié. Il fit placarder dans toute la vallée des invitations à rejoindre Tarják-sur-Mirador. Dans son esprit de bâtisseur, les pièces du monde s'assemblaient à nouveau et l'enceinte de la prison n'était plus qu'un épicentre. D'autres viendraient, réinventant une société durable et ancrée.

« Ou alors, on va tous crever de faim, observa Réka. Comment on accueille tout ce monde ?
— On va pousser les murs », répondit simplement Djelal Hasan.

CAFE
Chez Abou
CAFE
Chez
Abou

L'ÉTRANGE RÊVE D'ABOU

« NOUS DEVONS APPRENDRE À VIVRE ENSEMBLE COMME DES FRÈRES, SINON NOUS ALLONS MOURIR TOUS ENSEMBLE COMME DES IDIOTS. »

Martin Luther King, discours du 31 mars 1968

Les infrastructures, notamment énergétiques, ne sont pas que des commodités. Elles constituent aussi le versant matériel de notre société. Tandis que celle-ci se développe, que les liens symboliques entre humains se densifient, dans le monde réel, on déploie des canalisations et des câbles.
À cet égard, les évolutions à venir des technologies électriques interrogent. Le trio Autoproduction – Stockage – Autoconsommation permet d'envisager une utopie dans laquelle nous serions, chacun de notre côté, indépendants des autres pour cette denrée fondamentale qu'est l'électricité. Une utopie, vraiment ?
Et si, justement, ce combo risquait de produire un effondrement des relations sociales ?

Mons, village perché dans le Var, vers 2060.

Derrière son comptoir, Abou a dû s'assoupir, car le carillon de la porte le fait sursauter. La journée s'étire en ce début d'automne, sombre et froide, et un vieillard, à la silhouette minuscule et voûtée, maigre comme un clou, tremblant de partout, vient d'apparaître juste en face de lui, sur un des tabourets du bar.

Un client!

Installés ainsi, de part et d'autre du zinc, assez proches pour échanger des chuchotements, ils se regardèrent presque avec étonnement.

Abou sourit:

«Bonjour! Vous voulez quoi?
— Bonjour. Vous avez quoi?
— Un peu de tout. Whisky, rhum, gin, Get 27...»

Le client semble avoir des siècles. Lui servir quelque chose de plus fort qu'une camomille pourrait s'assimiler à une mise en danger.

«Une limonade, ça ira bien.»

Le silence retombe dans le café du village, entrecoupé par les bruits de verre, puis le frémissement des bulles de la boisson.

«Il y a pas grand monde, dit le visiteur.
— J'ai vu quelqu'un traverser la place du village aujourd'hui.
— Ah oui?
— Oui, un technicien, je pense, qui est venu toquer à la mairie, puis il a lu l'écriteau et il est parti.
—Il dit quoi, l'écriteau?
— Les permanences de la mairie sont assurées par une intelligence artificielle en ligne.
— Donc vous n'avez pas beaucoup de clients.»

Abou sourit. Il peut faire mentalement le compte des gens qui ont franchi la porte du bar dans les quatre dernières semaines.

« Vous savez, moi, ça m'est égal d'avoir des clients. Je suis payé par le Conseil régional pour garder ce lieu ouvert et accueillant, je fais mon boulot.
— Le Conseil régional ?
— Mmmm… » confirme Abou, en faisant semblant de ranger un verre dans le lave-vaisselle, pour laisser mourir la conversation, la plus longue qu'il ait eue avec un autre être humain physiquement présent depuis…

« Mmmmmmmm… » relance l'autre.

Il n'a pas l'air de vouloir lâcher. Abou se résigne et revient s'accouder en face, de l'autre côté du zinc. Ça fait partie du boulot, de causer avec les clients.

« Oui, oui, l'ancien. Le Conseil régional. Regardez à l'entrée. » Il montre du doigt l'affichage 3D qui flotte à côté de la porte vitrée, et autour duquel volettent divers logos :

Ce lieu communautaire est financé par les fonds structurels européens, le programme national Revitalisons nos villages et le Conseil régional.

« Mais alors, il n'est pas à vous, le café ?
— Si. J'ai reçu une aide pour rouvrir l'établissement, qui était fermé depuis dix ans. Et je touche une subvention mensuelle.
— Ah oui, c'est comme un service public.
— Voilà !
— Mais alors, vous n'êtes pas d'ici ? »

Abou se marre. Certes, la France des années 2060 n'est pas celle du XIX siècle, mais il faut avoir la vue basse pour le confondre avec un autochtone du village de Mons, 1 300 habitants :

« Ah non, ça, Monsieur, je ne suis pas d'ici.
— Mais pourquoi vous être installé dans un endroit aussi… reculé ?
— Quand je suis arrivé en France comme réfugié, on m'a proposé de rouvrir le bistro de la place du village, en échange d'un financement. J'ai trouvé que c'était beaucoup mieux que

de rester sans travailler ou de rentrer chez moi.
— C'est pas bien, chez vous ? »

Abou ne rit plus, tout à coup :

« Chez moi, c'est la guerre climatique. Et vous ?
— Moi ?
— Vous êtes d'ici ?
— Ah oui.
— Je ne vous ai jamais vu.
— Vous avez vu beaucoup de monde ?
— Mmmm... – Abou médite un instant. – Il y a le maire, qui passe quand même de temps en temps et qui vient toujours me saluer. Mon voisin, un jeune, qui s'est installé en même temps que moi. Le genre qui travaille dans les logiciels, ne sort jamais de chez lui, se fait tout livrer par drone. En fait, on se voit surtout *via* les trous dans la palissade entre nos jardins...
— Oui, donc il ne vient jamais boire un coup.
— Lui, jamais. Mais il y a un type qui vient de temps en temps. Pas très causant. Il vient se planquer quand il a besoin de souffler. C'est le mari de Mme Zoé, vous savez, le village dans le village.
—Ah oui, la famille qui possède plusieurs maisons dans la zone pavillonnaire.
—Voilà. Ça me rappelle mon pays ; les quartiers fermés, je n'aime pas ça. Ils vivent là-dedans, trois générations, trente adultes et enfants, en vase clos.
— Mais vous les connaissez ?
— Ah non, ils ne sortent jamais. Mais le mari de Mme Zoé me parle parfois après sa troisième bière. Ça lui tape un peu sur la tête d'être enfermé en permanence. Au départ, il s'est installé ici pour faire plaisir à sa femme, qui en avait marre de la ville. Et puis, le frère de celle-ci a racheté la barraque d'à côté, puis ses filles et ses gendres, et ainsi de suite. Ils ont joint leurs jardins pour faire un grand potager familial. Ils sont dans un drôle de délire.
— Ils doivent bien mettre le nez dehors de temps en temps.
— J'crois pas, non. Il me raconte qu'il avait passé des plombes à installer des panneaux solaires à haut rendement et une grosse unité de stockage électrique dans la cave, histoire de pouvoir se débrancher du réseau électrique.

> Avec quelques livraisons de bioéthanol pour le groupe électrogène d'appoint, ça doit passer.
> — Ils doivent quand même pas se marrer tous les jours.
> — C'est bien pour ça que le monsieur vient boire une bière en douce de temps en temps. Il commence toujours par me dire qu'ils vivent à la cool, mais moi je trouve que c'est bien disciplinaire, chez Mme Zoé. »

Il hausse les épaules et poursuit :

> « En vrai, ils sont tous comme ça, les habitants du village. La plupart, ils ne viennent pas plus d'ici que moi. Ils sont venus chercher la tranquillité.
> — Au point de perdre tout contact avec l'extérieur.
> — Vous savez, c'est facile, maintenant. C'est assez ensoleillé ici pour avoir ses panneaux solaires, ses batteries. On peut fabriquer n'importe quoi avec le programme qui va bien et une bonne imprimante 3D…
> — Oui, si on est très frugal.
> — Détrompez-vous. Il y a de tout. Tenez, le gars qui a la grande villa un peu à l'extérieur, du côté des Combes. Avec la piscine.
> — Non, je ne sais pas. Les Combes, c'est hors du village, je n'y suis pas.
> — Oui, c'est vrai, mais c'est juste à la limite, c'est encore dans la communauté de communes. Bon bref, lui, il s'appelle Marcello. C'est un autre profil, très différent. Il a tellement de livraisons qu'on dirait un pont aérien de drones, comme sur une ville assiégée. »

Il ferme les yeux un instant. Pour son interlocuteur, l'expression relève de la métaphore. Pas pour Abou. Il met les mauvais souvenirs de côté et enchaîne :

> « Une fois, il est venu boire un coup, je crois qu'il avait rendez-vous avec deux amis de passage et qu'il ne voulait pas les accueillir chez lui. Je n'ai jamais eu autant de clients en même temps ici. Il m'a raconté qu'il bossait dans l'immobilier virtuel, qu'il n'avait plus besoin de sortir de chez lui, que c'était mieux comme ça. Il est très fier de produire toute l'électricité dont il a besoin avec sa ferme de panneaux solaires. Même chauffer sa piscine ou miner des cryptomonnaies.

— Vous n'avez pas l'air de l'apprécier.
— Il n'aime pas les impôts. Il m'a cassé les pieds pendant une heure sur la subvention du Conseil régional. Je n'y peux rien, moi, si on arrive pas à garder un café ouvert sans aide extérieure. D'ailleurs c'est plutôt de la faute des gens d'ici et de leur mode de vie. Il m'a ensuite expliqué pourquoi il fallait sortir de la sécurité sociale, ce genre de chose... Bref. Je n'ai rien répondu.
— Qu'auriez-vous voulu répondre ?
— Que moi, je sais comment les sociétés s'effondrent. »

Un ange passe, le vieux sirote sa limonade à présent réchauffée et éventée, et Abou, plongé dans ses pensées, ressasse son passé, de l'autre côté de la mer, les guerres civiles qu'il a traversées et le long périple pour arriver jusqu'à cette drôle d'existence dans ce village en plein délitement, à quelques heures de route de Lyon. Les derniers rayons du soleil font surgir la danse hypnotique d'un nuage de poussière au milieu de la salle vide. Abou doit s'être à nouveau assoupi, et son client lui parle, d'un ton chevrotant.

« Vous savez, ça n'a pas toujours été comme ça ici. Et moi non plus, d'ailleurs. Maintenant, voyez comme je suis devenu ténu. Entre le néant et moi, il n'y a pas grande différence. Mais avant... Tenez, je vais vous raconter notre histoire. »

Longtemps il cause, et à elles seules, ses paroles réduisent le silence de ce début de soirée, au point qu'elles engloutissent Abou, qu'elles emplissent tout l'intérieur de son crâne, interrompues de temps en temps par le son mouillé d'une petite gorgée de limonade pour éclaircir cette voix qui semble à chaque instant sur le point de s'effacer. Le cafetier ferme les yeux, se laisse aller au récit, s'oublie dans ce flux hésitant, semblable aux rivières au débit trop rare pour bien marquer la limite de l'eau et de la rive...

« Le village, au début, ça n'était pas plus qu'une butte un peu plus élevée que les autres, qui avait l'avantage de disposer d'un point d'eau, une source. Les chasseurs-cueilleurs du Néolithique y faisaient halte dans leur errance perpétuelle à la recherche de nourriture. Oui, il faut remonter très loin en arrière pour comprendre cette histoire.

« Un jour, ils s'y installent et se sédentarisent. Le temps passe, et des masures sortent de terre.

« À ce moment-là, la communauté n'a guère de moyens de subsistance : la vie collective tient au fait que les gens vont tirer de l'eau et qu'ils descendent avec leurs seaux pour gratter la terre avec leur soc. Les siècles se suivent, pas grand-chose ne change. Les autochtones se mélangent avec d'autres, venus d'ailleurs, des Celtes. Plus tard, une légion de Rome passe dans la vallée en contrebas, et les gens apprennent à baragouiner quelques mots de latin et doivent payer un peu d'impôts.

« Surtout, à un moment donné, quelqu'un décide de faire des travaux. Un villageois, sans doute, plus dégourdi que les autres, ou qui a vu du pays. Il a une idée géniale : canaliser la source, tracer des rigoles pour faire descendre l'eau, en prendre un peu au passage pour les besoins domestiques.

« Le hameau gagne en population, mais surtout en épaisseur. Vous savez, les lieux-dits, il ne suffit pas qu'ils aient un nom pour exister. La colline en a toujours eu un, du moins depuis qu'*Homo sapiens* s'est installé dans le sillon rhodanien à l'issue de la période glaciaire. Avant les Celtes, dans les parlers pré-indoeuropéens dont il ne reste rien tant les langues humaines sont évanescentes, on l'a appelée "la colline", puis "la colline où il y a une source". Puis les Gaulois ont traduit bêtement l'appellation en "Meall", et les Romains ont fait de même avec "Mons", et voilà.

« Mais pour qu'un lieu ait une consistance, d'autres ingrédients sont requis : des liens matériels, concrets, qui maintiennent ensemble chacune des parties et forment au final un tout cohérent et organisé. Comme le mortier entre les pierres, l'armature du béton, l'accord entre les notes. Dès lors qu'une canalisation traverse le hameau et en connecte divers points par la grâce d'un flux d'eau claire au bec des fontaines, alors celui-ci cesse d'être un simple rassemblement de maisons. Et là, il devient vraiment un village, à la fois très vieux, car il existe depuis longtemps, mais aussi très jeune, car il s'est doté d'une âme – encore embryonnaire.

> « L'histoire continue. Mons trace des rues, pave sa place centrale. Une église apparaît, des murailles de pierre donnent au centre-bourg sa structure et sa forme. Les Romains partent. Les Francs arrivent, on change de langue. Un jour, les habitants apprennent qu'ils appartiennent à un aristocrate lointain. Le noble se croit l'incarnation du lieu, dont il s'approprie le nom. Aucune importance. Le village n'existe ni plus ni moins, selon le système politique ou l'existence d'un baron, d'un évêque, d'un bourgmestre ou d'un maire. Sa vérité est ailleurs.

« Des envahisseurs passent par là, une fois, dix fois, depuis le Bas-Empire. À chaque invasion, on oublie pendant quelques générations d'entretenir les canalisations. Le village périclite. Puis on recommence : les lieux renaissent et se fortifient à nouveau, au sens médical du terme.

> « Ce cycle se poursuit jusqu'au grand chambardement de la révolution industrielle. Au début, personne n'y prête trop attention. Les Lumières apportent de nouvelles techniques agricoles. Les gens sont heureux, puis un peu moins quand il y a à nouveau des troubles. Et tout à coup, les choses sérieuses commencent. On remplace les vieilles rigoles par des canalisations. L'eau n'arrive plus aux fontaines, mais à la maison, formant une invisible et souterraine toile d'araignée. Tout le monde s'en félicite, ignorant la déferlante de progrès à venir. On installe des candélabres autour de la place centrale. On crée un tout-à-l'égout. On goudronne les rues et les routes.

« Entre-temps, l'électricité est arrivée. Voilà déployé le réseau fondamental, les fils de cuivre s'entrecroisent, apportent par étapes l'éclairage, la chaleur, insufflent bientôt la vie et la parole aux êtres inanimés. Les radios grésillent, les télévisions s'illuminent. Bientôt, d'autres câblages viennent le compléter : au cuivre du téléphone se substituent des fibres optiques. On ouvre des tranchées, on tire de nouveaux conduits qui relient chaque point en une maille de plus en plus serrée. Partout, les objets se dotent de capteurs, transmettent des données dans la langue discrète des machines, qui se régulent elles-mêmes grâce à l'intelligence artificielle. Mais rien de tout cela n'existerait sans l'électricité.

> « L'âme du village se fortifie jusqu'à atteindre l'âge de raison. Après des siècles de torpeur juvénile, le voilà pleinement conscient de lui-même et de la formidable extension dont il vient de bénéficier. On a construit, beaucoup, car la population a augmenté, au point de déborder de la colline originelle, jusqu'à la butte voisine. Des lotissements envahissent les champs alentour. La mairie fait sortir de terre des équipements collectifs pour répondre aux besoins des zones pavillonnaires.

« Alors, par l'effet même du progrès technologique qui avait tant renforcé le village, voilà que la vieillesse arrive. De nouvelles méthodes sont mises au point pour partager la donnée, *via* les airs, et mille satellites artificiels flottent au loin, dans l'espace. On réduit la consommation d'eau et on s'essaie à la potabilisation des réserves de pluie. On abandonne les filins enterrés dans le sol. On en extrait certains pour en oublier d'autres.

> « De nouveaux habitants arrivent. Ils viennent de la grande ville lointaine, où l'on vit en permanence dans une immense densité de réseaux entrecroisés. Ici, la quête d'autonomie et le souci environnemental amènent chaque foyer à rêver d'autosuffisance énergétique. On s'essaie aux panneaux solaires et aux mini-éoliennes. On développe l'autoconsommation. On s'équipe de batteries, puis d'unités de stockage si perfectionnées que certains estiment pertinent de décrocher des réseaux. Pourquoi s'embêter à payer un tarif homogène sur le plan national, dont on ne sait pas bien s'il est avantageux pour les gens d'ici ou ceux d'ailleurs, alors qu'on peut se débrouiller seul ? En soi, cela n'a rien de mal. Mais dans le même mouvement, le mode de vie change. Pourquoi sortir de chez soi pour acheter ce qu'on peut se faire livrer par drone, puis produire par soi-même ?

« La dépendance à son voisin s'étiole, et avec elle, l'âme même de Mons. Tous les nœuds qui maintenaient la tapisserie de la solidarité se desserrent, des trous apparaissent dans le tissage…

« Voilà, je suis vieux à présent, presque mort. Je ne tiens qu'à quelques fils, comme ce village, et je tremble comme une feuille de papier soumise aux courants d'air. »

*

Un courant d'air !

Abou se réveille en frissonnant. La porte est restée à moitié ouverte et l'air frais de la nuit l'a arraché au sommeil. Du vieux visiteur, il n'y a plus trace. Il se frotte les yeux, songeur, cherche à débarrasser la bouteille de limonade, mais il n'y a rien sur le zinc. A-t-il rêvé tout cela ?

L'histoire du vieillard le fait réfléchir. Abou a déjà vu ce que donnait le délitement des liens entre les gens dans l'immense ville du Sud où il a grandi. Le réseau électrique et l'infrastructure télécom laissés à l'abandon. Les riches dotés de leurs panneaux solaires, de leurs batteries de stockage longue durée, de leurs groupes électrogènes, enfermés chez eux, focalisés sur leurs écrans. Les pauvres brûlant du bois pendant les pannes, dans l'indifférence générale. Et, songe-t-il, dans cette histoire, il n'est pas question que de technologie, mais aussi de solidarité.

Abou n'est pas né à Mons, se dit-il, mais il sait mieux que les gens d'ici ce qui est bien pour le village et ses habitants.

Il prend alors une décision. Demain, il ira taper à la porte d'à côté pour y faire une proposition : passer un câble électrique entre les deux maisons, pour alimenter le café. En échange, il offrira une miche de pain frais. Du pain, on peut bien sûr en recevoir par drone. Mais il n'est pas chaud et bon comme celui d'Abou, rond, plat, avec un arrière-goût d'huile et de semoule. Pour faire ce pain, prétextera-t-il, beaucoup d'électricité sera nécessaire. Le pieux mensonge permettra peut-être de convaincre l'informaticien, dont la bedaine indique qu'il est plutôt gourmand. Puis le voisin de celui-ci, et ainsi de suite. Jusqu'à recréer un petit réseau électrique local.

Abou sourit, certain que le Conseil régional n'en attendait pas tant en termes de revitalisation du village, et par avance, content de lui.

LA GUERRE DE LA RANCE

« POUR QU'ON NE PUISSE ABUSER DU POUVOIR, IL FAUT QUE, PAR LA DISPOSITION DES CHOSES, LE POUVOIR ARRÊTE LE POUVOIR. »

— Montesquieu, *De l'Esprit des lois*

L'exercice d'anticipation permet de tirer au plus loin les conséquences des tendances en cours. Et si les possibilités futures en termes de production et de consommation d'énergie contribuaient à un affaiblissement de la notion même de communauté nationale ? Et si, couplée aux dérèglements sociétaux et climatiques, cette évolution amenait un lointain futur sans État central ? Et si le XXIIe siècle voyait le retour des féodalités et des seigneurs, sur fond de montée des eaux et de pénurie de matières premières ? À quoi ressembleraient nos guerres ? Peut-être à celles des temps immémoriaux, avec quelques drones en plus et toujours les mêmes arrangements politiques.

Quelque part en Bretagne, fin du XXIe siècle.

Vous êtes tous les deux ténébreux et discrets:
Homme, nul n'a sondé le fond de tes abîmes;
Ô mer, nul ne connaît tes richesses intimes
Charles Baudelaire, « L'homme et la mer »

Ils avaient appris à regarder vers l'ouest avec méfiance et précaution. Depuis les remparts de Plerguer, Hubert de Saint Juan de Beaufort scrutait chaque matin la forêt, épiant le moindre mouvement inquiétant dans la brume qui s'accrochait à la lisière.

Ils étaient là, ces peuples de la mer, partis de la Rance pour conquérir, conquérir et raser, raser et tuer. La montée des eaux avait détruit les infrastructures qui leur permettaient de vivre, les privant d'énergie et d'un toit. Ce crime ne pouvait être laissé impuni. On mesurait leurs victoires à l'odeur de cendre qui alourdissait l'atmosphère et marquait leur approche vers Plerguer. Chaque hameau brûlé, c'était un peu de la civilisation des Hommes qui disparaissait, pensait Hubert. Alors il avait élevé des remparts, développé les défenses du château de Beaufort et rassemblé des vivres pour tenir un siège.

Il ne voulait pas fuir, il ne devait pas fuir, car dans les tréfonds de l'ancien monastère, il disposait d'une puissance sans égale, celle qui avait attiré vers lui des centaines de personnes, des gens perdus après la fin des États qui s'étaient agglutinés près de son mini-réacteur nucléaire comme autour d'un feu en plein hiver. Maintenant, ils devraient justifier leur utilité et prouver qu'ils n'étaient pas des parasites, jugeait Hubert. S'il repoussait les peuples de la mer, il pourrait alors s'attribuer le titre de seigneur et obtenir la main de la fille du baron de Fougère. C'était la meilleure façon d'étendre son pouvoir et d'assurer sa protection.

Une autre raison, plus essentielle, le motivait à rejeter au large ces barbares. Une victoire lui conférerait ce prestige qui lui ouvrirait les portes du stockage d'uranium de Combourg, plutôt que de le voler comme il l'avait fait il y a quinze ans. Enguerrand, son maître ingénieur, lui rappelait souvent que les pastilles n'étaient pas éternelles.

« Ils sont là ! »

Les vigies avaient crié comme si elles voulaient réveiller tous les habitants. Pour ne pas propager la panique, Hubert grimpa les marches conduisant aux remparts avec le calme qui sied au seigneur sûr de sa puissance. Au fond de lui, il avait l'impression que ses entrailles tournaient dans une centrifugeuse. Les gardes étaient déjà prêts, arme au pied, leurs cuirasses cliquetaient de peur.

La forêt s'agitait, ondulait, les feuilles obéissaient à un rythme régulier qui ne laissait planer aucun doute : le vent n'avait pas ce pouvoir. Les combattants du peuple de la mer étaient montés dans les arbres et faisaient comprendre aux défenseurs qui ils étaient. Les murailles tomberaient, disaient-ils en maniant les ramures, comme les falaises d'Étretat ont cédé. Le temps était avec la mer, dans la patience et l'attente, la menace et la peur, la lente force de ce qui ne peut être arrêté.

Enguerrand assistait au spectacle en s'accrochant au muret comme s'il allait être emporté par une vague.

« Il faut partir, répétait-il comme une litanie.
— Ce n'est que du bruit, répliqua Hubert sans être tout à fait convaincu. Ils ne peuvent pas nous atteindre sans se mettre à découvert. Là, nos fusils et nos drones les endigueront. »

Comme s'il avait été entendu, un homme sortit du bois, seul, et s'avança vers les remparts. Son plastron était constitué de colliers de coquillages dont la nacre scintillait au soleil, on ne voyait que lui au milieu du terrain découvert. Pour marcher, il s'aidait d'un bâton qui était en réalité une pagaie, gravée et décorée comme une oriflamme. Un blason mêlant tritons et dauphins annonçait que ce peuple était gouverné, qu'il n'était pas qu'un chaos se déversant sur les plaines de Bretagne.

« Hommes et femmes du continent, cria-t-il, vos ancêtres ont laissé la mer dévaster nos côtes. Aujourd'hui est le temps de notre vengeance. Partez, subissez le sort des nomades, abandonnez vos biens comme nous l'avons fait, ou mourez. Notre princesse de la Rance, Boadicée IV, n'a aucune pitié : elle ne fait que réclamer sa part de territoires pour les siens. Elle vous accorde deux heures.»

Hubert ne regarda même pas Enguerrand qui devait être liquéfié de peur. Il se tourna vers un garde à sa droite.

«Soldat, vous connaissez le sort des hérauts?»

Sans aucune hésitation, le guerrier épaula son fusil et tira juste avant que le messager ne rejoigne la protection des arbres. La balle le cueillit à l'épaule, le propulsant en avant et il sombra dans un bosquet, sans doute récupéré par ses compagnons.

«Je crois qu'on a posé de bonnes bases de discussion.
— Ils vont nous massacrer! hurla de terreur le maître ingénieur.
— À quoi me serez-vous utile si nous fuyons? N'importe quel paysan sait me faire du feu, pas vous. Si je dois partir, je vous abandonne avec le petit réacteur modulaire.
— On peut se réfugier sur le Mont-Saint-Michel, ils ont aussi une unité nucléaire.
— Comme si les Normands allaient accueillir des réfugiés bretons sur leur île. Non, il faut résister. Les batteries des drones sont chargées?
— Oui, mais...
— Cela occupera ces barbares. Je vais rassembler nos hommes et faire sortir les Griffon de leurs hangars.»

Derrière les murs, l'atmosphère grésillait de bruits électriques, on avait retiré les bâches qui cachaient des machines de ténèbres aux formes anguleuses brillant au soleil comme des lames d'épée. Cela faisait partie des trésors qu'Hubert de Saint Juan avait récupérés d'expéditions jusqu'à la lointaine Moravie. Il avait précieusement assuré la maintenance de ces appareils car eux seuls pouvaient lui garantir un avantage décisif.

Les opérateurs des drones étaient postés dans les tours de vigie et attendaient le signal pour lancer leurs armes dans les airs. Du côté de la forêt, en étant attentif, on apercevait des silhouettes glisser sous le couvert des arbres. Même si le peuple des mers n'avançait pas, il se préparait. Cette écume en lisière maintenait la tension chez les défenseurs, leur faisant échafauder des dizaines d'hypothèses sur la nature de l'attaque imminente.

Hubert savait qu'il ne fallait pas laisser la peur s'installer et il ordonna l'envoi des drones. Ils jaillirent de leur socle dans un vrombissement d'hélices et déployèrent leur corps tranchant juste avant d'atteindre les premiers arbres. Un bouleau fut coupé en deux et un chêne perdit la moitié de son feuillage. Se frayant un chemin dans un tourbillon de feuilles et de viscères, les drones s'enfoncèrent dans la forêt, puis s'attaquèrent aux guerriers tapis sous son couvert. Le bruissement régulier était désormais interrompu par des cris de souffrance et des gargouillements à peine humains. Sur leur console, les opérateurs suivaient la progression de leurs armes et pourchassaient les ennemis aussi bien au sol que dans les hauteurs. Parfois, on voyait une masse métallique émerger de la canopée puis retomber et repartir. Les drones étaient redoutablement efficaces, dommage que leur batterie n'eût pas une capacité illimitée. Bientôt, il fallut rappeler tous ces instruments de carnage avant qu'ils ne fussent perdus et les ramener sur leur socle pour les recharger.

« Au moins, cette Boadicée sait que la forêt ne la protège pas, dit Hubert à Enguerrand pendant que ce dernier vérifiait les consommations électriques.
— J'ai augmenté la production du réacteur, comme vous me l'avez demandé. Avec la charge des Griffon, il me faudra absolument changer le combustible après-demain.
— Vous êtes d'un décevant, Enguerrand.
— Quand nous aurons épuisé notre stock, je devrai vraiment apprendre à faire un feu de camp.
— Ou nous serons morts avant, ce qui résoudra tous nos problèmes d'intendance. »

L'attaque des drones ne déclencha pas de réplique chez les combattants de Boadicée. La forêt continua de bruisser, même si les trouées causées par les lames perturbaient le vent jusqu'à produire des rugissements par instants. Hubert était persuadé qu'il fallait conserver l'initiative et les Griffon allaient protéger son infanterie. Ces vieux chars avaient sans doute été l'orgueil des armées européennes en leur temps. Dorénavant équipés de motorisations électriques, au couplage bien inférieur à celui d'origine, et bien qu'ayant perdu beaucoup de leurs capacités, leur blindage et quelques mitrailleuses assuraient leur principale utilité. On ouvrit rapidement les portes et la herse pour que le premier Griffon roule en direction de la forêt, suivi d'une petite brigade d'hommes à pied. Le seigneur de Plerguer ressentait une certaine fierté en voyant ces soldats prendre le risque d'une sortie. Il était monté en haut des remparts pour admirer sa troupe et apprendre enfin comment le peuple de la mer se battait.

Il ne fut pas déçu. La réaction de l'adversaire fut rapide. On entendit très distinctement des bruits métalliques sous les arbres et lorsque le fût d'un canon apparut, le personnel du Griffon n'eut pas le temps de réagir. L'obus fila droit dans le blindage, le transperçant comme s'il n'avait jamais existé. L'équipage du char ne souffrit pas: le métal liquide créé par l'impact enflamma tout l'habitacle et pulvérisa tout en moins de cinq secondes. Les fantassins à proximité de l'épave furent brûlés et les autres fuirent vers la herse en abandonnant leurs armes. Ils n'avaient pas fait dix mètres.

«Mais qu'est-ce que c'est que ça? demanda Hubert à Enguerrand.
— Une munition perforante. Sans doute de l'uranium appauvri.
— J'ai bien compris, mais ils la sortent d'où?»

La panique qui avait terrorisé le maître ingénieur jusqu'ici avait fondu comme le métal du char. Conscient de la défaite et de sa fin prochaine, Enguerrand préféra tout déléguer à son intelligence plutôt qu'à ses tripes et redevenait utile.

«Le peuple de la mer suit les côtes et évite le Mont-Saint-Michel; on dit qu'il remonte le Cotentin. Je ne serais pas étonné qu'ils aient récupéré l'uranium appauvri, peut-être d'autres matières nucléaires aux abords du village de La Hague, dans ce qui reste des entrepôts de la grande Usine intégrée du combustible nucléaire. Si nous avions ces stocks à disposition, cela nous arrangerait beaucoup.
— Vous pourriez les utiliser pour notre réacteur?»

Enguerrand sourit tristement: «Cela aurait pu s'étudier.»

Hubert regarda une nouvelle fois la forêt, le mouvement des feuillages et sa montre. Les deux heures étaient presque écoulées. Être un seigneur, ce n'est pas envoyer des drones et des soldats, c'est aussi se trouver en première ligne et montrer son courage.

*

Hubert de Saint Juan de Beaufort avait monté son cheval, un bel animal robuste qui servait surtout au labour et pas pour des joutes. En guise de bannière, il avait accroché un drapeau blanc à une hampe et avançait seul. Arrivé au milieu du terrain, il s'arrêta.

«Peuple de la mer, je reconnais votre force et votre droit à vivre sur nos terres, mais j'ai mieux encore à vous proposer que notre départ de Plerguer. J'ai besoin de discuter avec Dame Boadicée.»

Le silence répondit à son discours et pendant de longues minutes, le seigneur regretta d'avoir tué le héraut. Ce serait de bonne guerre de l'éliminer maintenant et de raser la ville. Pourtant, quelqu'un sortit de la lisière. Une femme, tenant un arc et des flèches bien visibles. Néanmoins, Boadicée IV ne semblait pas pressée de s'en servir. Sa veste de cuir décorée de chevrons était plus sobre que la panoplie du héraut qu'elle avait envoyé. Dans son regard fier et calme, on devinait qu'elle n'avait pas été choisie par hasard pour guider ce peuple. La princesse se porta à la hauteur d'Hubert et attendit.

«Aucun de nous ne peut gagner, commença par dire celui-ci.
— J'ai une bonne réserve d'obus, j'ai du temps, j'ai la force de la mer avec moi.
— Nous possédons un petit réacteur modulaire. Grâce à lui, nous chauffons nos maisons et nous éclairons nos rues. Si vous nous massacrez, vous n'aurez pas accès à cette technologie.»

La princesse fit la moue; elle voulait se montrer au-dessus de ces considérations, mais son instinct lui conseillait de continuer la discussion.

« Et moi, je possède un minerai qui vous manque. Ai-je bien compris la raison de votre besoin de parlementer avec moi ?
— Je regrette d'avoir tué votre messager, c'était un réflexe de peur.
— Je sais très bien pourquoi je lui ai donné ce rôle. Les gens intelligents, je les garde près de moi. Il était très apprécié de mes hommes, ils auront du mal à ne pas vouloir le venger.
— Les habitants de Plerguer vous considèrent comme des barbares, ils ne vous accepteront jamais. Il faut les rassurer. »

Boadicée IV jeta un coup d'œil en arrière, comme si elle cherchait dans le bruit du vent à travers les feuillages l'avis de ceux qu'elle commandait. Elle hésita, mais quand elle fit de nouveau face à Hubert, elle souriait : « Alors nous allons faire comme ont toujours fait les seigneurs dans ce type de situation, depuis des siècles et des siècles.
— Un duel ?
— Mieux encore. »

*

Le 14 mai 2098, en l'église Sainte-Trinité de Plerguer, Hubert de Saint Juan de Beaufort et Boadicée IV se marièrent. Après leur rencontre initiale, les deux seigneurs avaient consacré de longues semaines à de complexes tractations pour en arriver à cet événement, plus politique que sentimental. Même si la foule mêlant habitants du village et combattants du peuple de la mer ne débordait pas de joie et si l'on se regardait avec méfiance, il y avait une promesse dans cette union qui avait le charme de l'inconnu. La possibilité de construire un avenir qui n'était pas limité aux enceintes d'un château, qui permettait d'utiliser les atouts de chacun et d'élargir l'horizon, un futur où la mer n'était pas qu'une force destructrice mais s'unissait au continent et le revivifiait. Il y avait de l'électricité dans l'air, mais rien qui annonçât un massacre.

REMERCIEMENTS

Le livre que vous tenez entre les mains est le fruit d'un travail collectif. Il n'aurait pas pu voir le jour sans l'engagement des experts d'EDF qui ont pris sur leur temps pour co-concevoir les scénarios avec les auteurs, relire les textes, les enrichir aussi :

Julien Villeret, Stéphane Dupré la Tour, Charles Weymuller, Tiphaine Bougeard, Maria Faury, Jill Coulombez et Nicolas Février,

Claire Hy-Outin et Boris Le Ngoc pour le pilotage du projet,

et Xavier Ursat pour son soutien.

Le livre doit aussi son titre à Marcel Boiteux (Odile Jacob, 1993), président d'EDF de 1967 à 1987. Preuve que les anciens sont une source d'inspiration pour ceux qui tentent d'inventer l'avenir. Merci à lui !

Dépôt légal : septembre 2025
ISBN : 979-10-210-6535-2
Numéro d'édition : 5216

Achevé d'imprimer en août 2025 chez Chirat
à Saint-Just-la-Pendue, en France.